환경체험학습교과서

개발 환경부 | **집필책임** 여성희 | **공동집필** 박은경 · 박병삼 · 김두림 · 황세원 · 최양림

펴낸곳 (주)현암사 | **펴낸이** 조근태
디자인 김용아 | **출력** 소다미디어 | **인쇄** 청아문화사 | **제본** 쌍용제책사

초판 발행 2008년 12월 26일
2쇄 발행 2009년 1월 10일
등록일 1951년 12월 24일 · 10-126
주소 서울 마포구 아현3동 627-5 · 우편번호 121-862
전화 365-5051~6 **팩스** 313-2729
전자우편 editor@hyeonamsa.com
홈페이지 www.hyeonamsa.com

ISBN 978-89-323-1485-3 03400

환경체험 학습 교과서

환경부 개발

ⓖ 현암사

머리말

이화여대 사범대학 앞마당 한가운데에 오래된 벚나무 두 그루가 서 있다. 이 벚나무는 여러 군데가 톱으로 잘려 있는데다 껍질까지 많이 벗겨져 있어 흉물스럽다. 그래서 방문을 하는 사람들은 왜 학교가 이 나무를 그대로 뒀을까 의아해한다.

그런데 이 나무는 학생과 선생님뿐 아니라 학교를 졸업한 동창생 모두에게 사랑을 받는 행복한 벗님이다. 원래 이곳에서 자라던 벗님은 수형이 아름답고, 꽃도 풍성해 많은 사람에게 사랑을 받았다. 세월이 흐르면서 낡은 건물은 새 건물로 바뀌었지만 사람들은 그 벗님네를 잊을 수가 없었다. 그래서 수소문 끝에 외진 곳으로 옮겨진 벗님네를 다시 찾아오게 되었다. 이곳 사람들은 벗님네와 함께 보고, 듣고, 느끼고, 꿈을 나누며 성장했기 때문이다.

그렇다. 사람들은 어렸을 때 접한 자연을 잊지 못한다. 어른이 되어도, 즐거운 일이나 어려운 일이 있을 때 사람들은 자연을 찾아 나서곤 한다. 인간은 자연 속에서 비로소 편안함을 느끼기 때문이다. 그래서 어른들은 산, 강, 바다를 넣어 자녀의 이름을 짓기도 하고, 자연의 포근함을 느끼고 싶어 자녀들과 함께 자연을 종종 찾아간다.

요즘 학교 현장에서는 인성교육을 강조한다. 교육자들은 환경과 직접 접촉하는 현장체험만큼 인성교육에 효과적인 방법은 없다고 한다. 어릴 때부터 다양한 생명체와 함께 살아갈 수 있는 조화와 질서를 체험하면서 아이들은 자연과 함께 사는 법을 체화할 수 있다.

그러나 우리는 '어떻게 아이들과 함께 자연을 즐길 수 있을지' 또 '현장체험활동을 통해 무엇을 학습할지'에 익숙하지 않다. 이 책은 부모와 교사들이 보다 쉽게 적용할 수 있는 체험환경교육의 방법은 없는가 하는 고민 끝에 시작되었다. 그래서 초등학교 교육과정에 들어 있는 환경교육 내용을 두루 포함시켜 안내서를 구성해 보았다. 물론 현장체험활동을 하면, 아이들을 통제하는 것이 어려울뿐더러 활동의 목표도, 결과도 모호하다는 생각이 들지 모른다. 하지만 직접 자연과 접한 경험은 아이들의 생각을 넓혀 주고 책임감 있는 태도를 길러 줄 것이다.

구성에 부족한 부분이 있겠지만, 이 책이 어른들에게는 풍부한 생태적 상상력과 환경 감수성을, 아이들에게는 자연의 놀라움을 보는 눈을 갖추는 데 조금이나마 도움이 되길 바란다. 심각해지는 환경문제를 스스로 해결하려는 마음가짐에도 보탬이 되었으면 좋겠다.

벗님네의 화려한 꽃망울을 위해, 그리고 우리 아이들과 영원히 함께할 산, 강, 바다의 희망찬 꽃망울을 터트리기 위해 자연환경 사랑을 시작하자.

집필책임 여성희

교재 구성과 활용 방법

자연환경은 인간의 간섭과 통제를 벗어나 자연의 원리에 따라 작동하는 체계로서 주변 지역이 도시화하면서 본래의 모습이 사라져 감에 따라 일상적으로 접하기 어려워진다. 초등학교 시기에는 친근한 생활주변의 생태계에서 생명으로 자연을 만나며 자연을 존중하는 마음과 감수성을 기르는 일을 우선한다.

▶3~5학년을 주 대상으로 프로그램을 개발하였으나 학년 수준이나 실정에 맞게 재구성, 보완하여 사용할 수 있다.

▶아이들이 주체적이고 자발적으로 참여하도록 하고, 어른도 같이 즐길 수 있는 체험활동이 되도록 한다.

▶체험활동에 필요한 시간은 주어진 여건에 따라 한 가지나 여러 가지의 활동을 통합하여 운영할 수 있다.

환경체험활동의 단계 ●●●●●●●●●●●●●●●●●●●●●●●●●●●●●

자연환경체험교육은 지식, 가치, 태도, 기능을 통합한 교육이어야 한다. 학생의 인지적, 정의적 영역이 고르게 발달도록 도와야 할 것이다. 가치는 느낌과 앎이 함께 작용해서 만들어지며, 알게 된 것은 행동으로 옮길 수 있어야 한다. 종합적이고 체계적인 체험환경활동으로 이러한 인지적, 정의적 영역의 학습이 유기적으로 연결되도록 하였다. 각 단계는 다가서기-알아가기-표현하기로 구성하였다. 이것은 단지 도입-전개-정리의 맥락이 아니라 하나의 주제에 각각의 단계별 활동이 개별적인 활동 목표를 가지면서 통합적으로 연결되는 점을 염두한 것이다.

다가서기

1. 환경과 직접 접촉하는 경험으로 감수성을 기르는 단계이다. 자연과의 접촉 과정에서 초기 단계에 필요한 것이 느낌 형성이므로 새롭고 미지의 것에 대한 호기심, 경이로움, 기쁨, 다양한 감각의 계발을 안내하도록 한다.
2. 아이들의 삶이라고 할 수 있는 놀이와 배움이 하나 되는 활동을 통해 대상에 대한 친근감과 자발성을 형성해 주도록 구성한다.

알아가기

1. 관찰, 실험, 조사 활동 등 다양한 탐구 방법을 이용하여 환경 관련 사실, 원리, 개념, 특징을 알아본다. 이때 사실적 지식과 경험을 체계적으로 합치시키고, 학습 내용을 심화할 수 있도록 한다.
2. 생태계나 자연환경 보전 등의 환경문제를 현장에서 수집하고 해결 방법을 논의하여 실천에 도움을 줄 수 있도록 한다.

표현하기	1. 다가서기, 알아가기를 통해 내면화한 것을 만들기, 글쓰기, 그리기, 몸짓하기 등 다양한 방법으로 표현할 수 있도록 한다.

2. 체험을 통한 경험과 일상적인 삶을 연결시켜 환경 친화적 가치관과 바른 인성을 함양할 수 있도록 한다.

일러두기 ●

활동 목표

환경체험학습은 다음과 같은 교육 목표를 바탕으로 구성한 것이다.

1. 자연체험활동을 통해 자연을 이해하고 생태적 감수성을 기른다.

2. 자연탐구활동을 통하여 자신과 주변의 자연환경과의 관계를 이해한다.

3. 일상생활에서 부딪히는 환경문제를 스스로 해결하는 능력과 기능을 기른다.

4. 친환경적 가치관과 바른 인성을 가지고 환경보호와 개선 활동에 능동적으로 참여한다.

관련 교과

각 활동마다 관련 교과를 제시하여 자연체험활동을 계획할 때 교과와 통합하여 활용할 수 있다.

✿ 선생님과 함께하는 모의수업

실제로 교사가 활동을 진행하면서 느끼는 난감함을 해결하기 위해 마련하였다. 교사가 지도할 내용, 발문, 예상되는 학생들의 응답, 학습 이해를 돕기 위한 사진·삽화 등으로 구성하였다. 하나의 예시적인 성격을 띠며 더 풍부한 경험과 재능을 발휘하여 창의적인 수업을 진행할 수 있기를 기대한다.

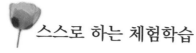

스스로 하는 체험학습

스스로 하기 적합한 체험활동을 선정하여 주체적 참여를 유도하여 의미 있는 학습이 되도록 한다.

교사일기

아이들과 같이 체험해 본 경험담을 정리한 것이다.

알아 두면 좋아요

학습의 계획과 실행에 필요한 정보, 장소에 대한 안내 등을 언급한 것이다.

쉿, 주의!

체험활동에서 지켜야 할 안전 수칙, 자연을 훼손할 수 있는 행동에 대한 주의를 제시한 것이다.

차례

봄

여름

가을

겨울

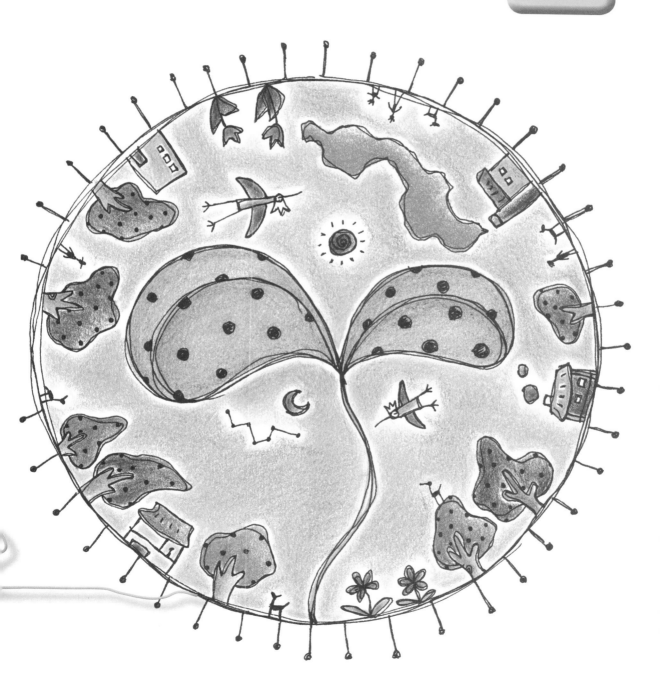

내 친구가 되어 줘

아이들이 추운 겨울방학을 마치고 새 학년, 새 학기를 맞이한다. 학교의 나무와 꽃도 움츠렸던 몸을 펴고 봄의 기운을 뿜어낸다. 학교에 사는 자연 친구를 들여다보고 말을 붙여 보자. 생명의 아름다움을 느끼는 마음이 곧 환경을 사랑하는 첫걸음이다.

어떤 친구를 만나게 될까?

활동 목표 | 학교 주변의 나무와 들꽃을 관찰하며 자연에 대한 친근감을 느낄 수 있다.

관련 교과 | 슬기로운 생활 1학년 1학기 1.봄 나들이, 미술 3학년 1.자연의 아름다움

준 비 물 | 식물도감(봄), 식물 보관용 신문지나 교과서, 창호지나 화선지, 엽서로 쓸 종이, 풀, 풀칠용 붓

 선생님과 함께하는 모의수업 - - - - - - - -

(봄비가 내린 다음 날)학교 오는 길, 나뭇가지에 움튼 새눈을 보았나요? 키 큰 나무 아래에서 뽀족뽀족 봄 인사하는 친구는 누굴까요? 노란 양지꽃, 별처럼 생긴 별꽃도 있었어요. 겨우내 움츠린 어깨도 펴고, 친구들과 쪼르륵 학교 담장 밑에서 봄볕을 쬐어 볼까요?

╋학교 정원 거닐기

이게 뭘까? 나뭇가지에서 새로 돋아 나온 것인데. 바로 새눈이란다. 작고 여리게 생겼지? 그렇지만 너희처럼 겨울바람을 이겨 내고 새봄을 맞이한 씩씩한 친구야. 이런 새눈은 나중에 뭐가 될까?

잎이 돼요. 꽃이 돼요.

맞아. 잎이 되기도 하고 꽃이 되기도 해. 그런데 이 가지 끝엔 눈이 없네?

부러진 것 같아요. 잎이 안 나겠죠?

그래, 눈이 있는 곳에 생장점이 있으니까. 내년에도 이 나무들을 보려면 어떻게 해야 할까?

16

1 둘러볼 순서를 미리 정한다.

2 식물도감에서 이름을 찾아본다.

3 둘러보고 난 후 햇볕이 잘 드는 담 밑이나 적당한 장소에 옹기종기 모여 앉아 관찰한 것이나 느낀 점을 이야기한다.

이 노란 꽃은 꽃잎이 다섯 장이에요.

도감에서 봄에 피는 노란 꽃을 찾아보면 되겠다.

 스스로 하는 체험학습

➕ 들꽃 엽서 만들기

1 엽서에 붙일 식물을 채집한다.

2 잘 펴서 책갈피에 끼워 누르고 마를 때까지 일주일 정도 기다린다.

꽃송이는 작은 게 좋아요.

새로 만든 엽서에 편지를 써 볼까?

3 준비한 종이 위에 잘 말린 식물을 놓고 그 위에 화선지를 붙인다.

나무야, 친구하자

활동 목표 | 1.계절에 따라 변해 가는 나무의 모습을 관찰하고 기록할 수 있다.

2.나무를 사랑하고 아끼는 마음을 가질 수 있다.

관련 교과 | 과학 3학년 2학기 1.식물의 잎과 줄기, 도덕 3학년 2학기 자연은 내 친구

준 비 물 | 나무도감, 색연필, 사인펜, 돋보기, 눈가리개

 ## 선생님과 함께하는 모의수업 ━ ━ ━ ━ ━ ━ ━

학교 오는 길, 매일 같은 자리에 서서 인사하는 나무를 유심히 본 적이 있나요? 키 큰 나무, 키 작은 나무, 잎이 삐죽삐죽한 나무, 꽃이 핀 나무 등 모습도 다양했죠? 나무는 살아 있어서 그 모습이 조금씩 변해요. 계절에 따라 변해 가지요. 자, 나무친구를 한번 정해 볼까요? 앞으로 1년 동안 나무친구가 변하는 모습을 살펴보고 우정을 쌓기로 해요.

1 학교 정원을 돌아보며 나무친구를 정한다.

마음에 드는 나무친구를 정해 볼까? 정했으면 가까이 가서 인사해야지. 안아 봐도 좋아요.

매화나무가 좋아요! 난 개나리.

2 나무도감을 찾으면서 관찰하는 방법을 알려 준다.
잎과 꽃을 잘 살펴보고 색깔도 비교한다. 만져 보거나 냄새를 맡아 보게 한다.

3 나무친구 소개서²³쪽를 쓰고 발표한다.

나무친구 소개서에 이름, 특징 등 친구들에게 자랑하고 싶은 내용을 적어 보세요. 완성되면 친구들에게 나무친구를 소개해 보아요.

스스로 하는 체험학습 ▪ ▪ ▪ ▪ ▪ ▪ ▪ ▪ ▪ ▪ ▪ ▪ ▪

✚ 나무친구 찾기

1 안내자가 눈가리개를 한 술래의 손을 잡고
적당한 나무를 찾아 데리고 간다.

2 술래는 양팔을 펴서 안아 본다.
촉감을 느끼고 대화도 한다.

보지 않고
찾아내는
거야!

3 술래가 나무와 충분히 교감했다고 생각되면 원래의 장소로!
4 출발 장소에서 술래는 눈가리개를 풀고 안내자의 설명을 들으며
자신의 나무를 찾는다.

...

술래

찾아낼
수 있겠어?
아까 그 느낌을
기억해야 해!

이 냄새,
이 감촉…
찾았다!

Yes ⬇⬇   ⬇⬇ No

굉장해! 이번엔
내가 눈을
가리고 해야지.

아니거든.
처음부터
다시 하자.

교사일기

촉각이나 후각을 이용하여 나무를 느끼도록 한다. 지속적인 관찰을 위해 '나무친구 알
기' 미니북을 만들어 나무와 나눈 이야기나 계절마다 달라지는 나무의 변화 등을 기록한
다. 변화 과정을 살펴보며 자연에 대해 깊이 이해하고 생명의 존엄성을 느낄 수 있다. 나
무 이름표를 만들어 달아도 좋다.

우리 학교의 나무생태지도

활동 목표 | 학교나 공원에서 볼 수 있는 나무를 조사해 보고, 나무생태지도를 그릴 수 있다.

관련 교과 | 과학 3학년 2학기 1.식물의 잎과 줄기, 6학년 1학기 5.주변의 생물

준 비 물 | 식물도감, 학교 평면도(미리 답사하여 기준이 될 만한 큰 나무를 알아보고 간략하게
평면도를 제시해 주면 좋아요.), 필기도구

 선생님과 함께하는 모의수업 ▬ ▬ ▬ ▬ ▬ ▬

그동안 우리가 학교에서 무심코 지나쳤던 나무와 친구가 되었어요. 그 친구들이 어느 곳
에 있는지 지도에 나타내 볼까요? 큰 나무에 가려서 살기 힘들어 하는 작은 나무가 있는
지, 상처가 나서 병이 난 나무는 없는지, 꽃단장을 한 나무가 있는지, 열매를 단 나무는
있는지 모두 찾아서 그려 봐요.

✚ 나무생태지도 만들기

> 학교가 넓으니까 모둠별로 나눠서 그려야겠지? 나무를 가까이서 보면 전체를 그리기가 힘들지. 멀리서 전체 모양을 그리고, 가까이 다가가서 자세히 살펴보도록 하자.

1 학교 구역을 나누어 준다.

2 역할을 나누어 맡는다. (나무 이름을 찾을 아이, 나무의 특징을 찾아볼 아이, 나무 전체 모양을 그릴 아
이 등)

3 잎이 어떤 모양인지, 꽃이 피는지, 열매가 달리는지, 어떤 곤충이 사는지, 새 둥지가 있
는지 찾아본다.

4 다 그렸으면 한데 모아 나무생태지도[22쪽]를 완성한다.

스스로 하는 체험학습

✚ 나무 빙고

배 나무	대추 나무	
앵두 나무	느릅 나무	단풍 나무
무궁화 나무	층층 나무	상수리 나무

학교 정원의 나무 이름으로 빙고 게임을 한다.

✚ 나뭇잎 짝 맞추기

각기 다른 잎을 여러 장 주워 와 술래가 내미는 잎과 다르면 점수를 잃는다.

✚ 나뭇가지 비행기 만들기

목공용 접착제로!

✚ 나무 무늬 본뜨기

나무껍질에 종이를 대고 크레파스로 살살 문질러 보세요. 나무 이름과 위치, 날짜 등을 함께 적어 두면 좋아요.

✚ 나무 키재기

아주 큰 나무는 어떻게 키를 잴까요?

1 자신의 팔 길이와 같은 길이의 막대기를 구합니다.

2 팔을 쭉 뻗어서 막대와 나무를 같은 방향으로 바라보세요.

3 나무와 막대의 길이가 같아 보이는 위치까지 뒤로 물러나요.

4 그 자리에서 나무까지의 거리가 나무의 키랍니다.

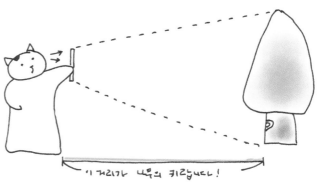

이 거리가 나무의 키랍니다!

✚학생들이 만든 나무생태지도

서울미성초등학교

만지기 ❀ 생김새 ❀ 냄새 ❀ 소리 느낌

이름은

오늘 날짜 :

🌷 나무친구를 소개합니다.

🌸 나무이름 :
🌸 사는 곳 (장소) :
🌸 나이 :
🌸 나무의 키 :
🌸 줄기 :
🌸 느낌 :
🌸 나뭇잎 모양과 색깔 :
🌸 꽃이 피면 색 깔 :

겨울눈과 잎 모양으로 보는 우리 주변의 나무

산수유 겨울눈

목련 겨울눈

굴참나무 잎

버드나무 잎

대추나무 잎

왕벗나무 잎

졸참나무 잎

청미래덩굴 잎

국수나무 잎

신갈나무 잎

떡갈나무 잎

소나무 잎

리기다소나무 잎 잣나무 잎

갈참나무 잎

상수리나무 잎

+도감 찾기

어렵지 않아요!
잎의 모양이나 꽃
색깔 등 특징을 잘
관찰하면 쉽게 친해질
수 있어요.

지방에 따라
여러 이름으로
부르지요.

나무 종류에 따라 나무껍질이
달라요. 겨울에 나무를 제대로
식별하는 특징이 돼요.

식물 이름/대표적인
우리 이름

꽃피는 시기, 열매
맺는 시기를 알면
나무를 쉽게 찾을
수 있어요.

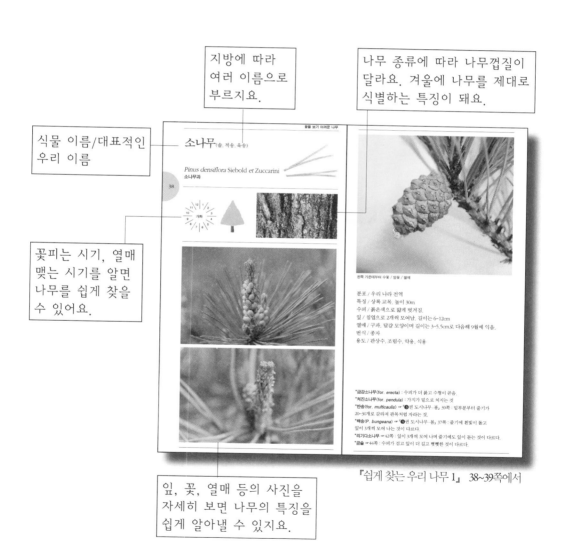

잎, 꽃, 열매 등의 사진을
자세히 보면 나무의 특징을
쉽게 알아낼 수 있지요.

『쉽게 찾는 우리 나무 1』 38~39쪽에서

숲으로

겨우내 잠을 자던 숲에 훈훈한 기운이 돌자 꿈틀거리며 생명이 깨어난다. 나지막이 피어 봄노래를 부르는 야생화가 햇살을 받아 빛나고 짝을 찾기 위해 산새의 지저귐도 분주해지는 때, 새로 돋은 잎은 나날이 푸름을 더해 간다. 봄의 숲은 아이들의 해맑은 모습과 싱그러운 목소리를 닮았다. 아이들과 가까운 산에 올라 넘치는 봄을 온몸으로 느껴 보자.

애벌레 되어보기

학습 목표 | 1.봄의 숲을 온몸으로 느끼며 감각을 일깨우고, 숲과 친해질 수 있다.

2.애벌레 역할놀이를 하며 숲 생태계를 이해할 수 있다.

관련 교과 | 국어 3학년 1학기 2.따뜻하고 너그럽게, 5학년 1학기 4.분명하고 적절하게,

미술 4학년 1.자연의 색, 음악 4학년 종달새의 하루

준 비 물 | 눈가리개, 나무도감

 ## 선생님과 함께하는 모의수업 ▬ ▬ ▬ ▬ ▬ ▬ ▬

봄이 되면 맨 처음 숲을 날아다니는 것은 무엇일까요? 바로 겨울을 난 나비들이에요. 공작나비, 네발나비……. 모진 추위를 그 얇은 날개로 어떻게 견뎠을까요? 나비뿐 아니라 숲 속의 모든 친구가 추운 겨울을 나느라 힘들었을 거예요. 봄에 숲은 어떻게 깨어날까요? 여러분이 애벌레가 되어 이곳저곳을 다니며 숲의 변화를 살펴보도록 해요.

✚ 애벌레가 되어보자.

1 숲 속 공터에 활동하기 좋은 장소를 찾는다.

2 대여섯 명씩 모둠으로 나누고, 신발과 양말을 모두 벗고 눈을 가린다.(바닥에 다칠 만한 것이 없는지 미리 살핀다.)

3 양손을 앞사람의 어깨에 얹어 모두가 이어진 한 마리의 애벌레가 된다.

우리는 방금 알에서 깨어 나온 애벌레랍니다.

햇살이 참 따뜻하구나. 봄이 되었어. 아~ 부드러운 바람!

4 맨 앞사람은 애벌레 머리가 되어 친구들에게 애벌레 역할을 지시한다.

5 애벌레 몸이 된 친구들은 주변의 소리를 듣고, 냄새도 맡고 만져 보며 자유롭게 상상해 본다.

맛있게 생긴 잎이 있네. 고소해. 상수리나무 잎은 정말 일품이야.

(소나무 옆을 지나가며) 앗 따가워. 조심조심! (그늘진 곳 나무의 이끼를 만져 보며)바닥이 푹신푹신하고 촉촉해. (천적인 새소리를 들으며) 앗, 큰일이다. 어서 숨자. (최대한 서로 웅크리고 번데기를 만들며)잠이 쏟아지네. 푹신해 보이는 낙엽에 눕자.

6 눈가리개를 풀고 나비가 되어 꽃을 찾아 인사하고 관찰한다.

몸이 근질근질한데? 등이 갈라지려나 봐. 내 몸에서 날개가 나왔어.

7 둘러앉아 느낌을 나눈다.

이끼와 소나무 잎의 감촉은 어떤가요? 나비가 되어 날다가 나를 잡아먹을지도 모르는 새소리가 들릴 때 어떤 기분이 들었나요? 번데기가 되었을 때의 기분은 어떤가요?

🌟 교사일기

애벌레의 눈이 되는 친구는 향기 나는 꽃이 핀 나무나 새소리가 들릴 때 잠깐씩 멈춰 서서 느낄 수 있는 시간을 준다. 애벌레 역할을 하는 동안 말을 하거나 소리를 지르지 않는다.

숲 속은 보물 창고

학습 목표 | 숲 생태계는 여러 생물적, 비생물적 요소가 어울려 중요한 역할을 한다는 것을 이해할
수 있다.

관련 교과 | 국어 3학년 2학기 3.이렇게 해봐요, 도덕 3학년 2학기 자연은 내 친구, 과학 6학년
2학기 3.쾌적한 환경

준 비 물 | 활동지, 필기도구, 숲 속 자연물(보물)을 넣을 주머니

🌸 선생님과 함께하는 모의수업 ━ ━ ━ ━ ━ ━ ━ ━

봄이 시작됐음을 알리는 입춘, 얼었던 대동강 물이 풀린다는 우수, 겨울잠을 자던 개구리
가 깨어난다는 경칩에 이어 낮과 밤의 길이가 똑같은 춘분, 절기 따라 숲은 점점 생기를
더해 가요. 숲길을 걸을 때 발밑을 보세요. 반짝이는 곤충, 조그만 솔방울, 푹신한 흙 등
모두 숲의 보물이지요. 숲에는 우리가 생각하지 못했던 많은 것이 숨어 있어요.

(주머니 속에 숲에서 찾을 수 있는 솔방울 등을 넣은 뒤 주머니를 흔들어서 소리를 내거
나 아이들에게 손을 넣어 보게 해서 짐작하게 한다.)

이 주머니 안에 어떤 보물이 들어 있을까?

열매요, 이슬이요, 꽃이요.

자연 속에 있는 것은 모두 각각 중요한 역할이 있단다. 바람은 어떤 일을 할까?

씨앗을 날려 보내요. 꽃가루를 이동시켜요.

✚ 보물찾기

1 숲 속 보물 활동지³⁵쪽를 나눠 준다.

2 각자 보물을 찾아 가져올 수 있는 것은 가져오고, 가져올 수 없는 것은 느껴 본다.

3 내가 찾은 보물을 선물하고 싶다면? 그 이유를 적어 본다.

4 정해진 시간이 되면 돌아와 모여 앉는다.

5 돌아가며 친구에게 주고 싶은 보물을 주면서 그 까닭을 말해 본다.

6 찾은 보물들은 숲 속에서 어떤 역할을 하는지 생각하고 이야기를 나눈다.(교사는 타당성을 생각하며 평가와 조언을 해준다.)

7 보물들을 제자리에 가져다 놓는다.

자연에서 소중한 것 목록

1. 소리가 나는 것
2. 바람에 날린 씨앗 한 알
3. 벌레 먹은 나뭇잎 한 장
4. 특이한 느낌이 나는 것
5. 흰색인 자연물
6. 5가지 색을 띠는 자연물
7. 숲에 어울리지 않는 것
8. 새의 깃털
9. 아름다운 것
10. 숲에서 꼭 필요한 것

모든 생물이 살아가는 데 없어서는 안 될 중요한 보물을 찾아볼까?

✿ 교사일기

1. 보물을 빨리 찾아오는 것이 목적이 아니므로 제시한 보물을 충분히 관찰하고 느낄 수 있도록 한다.

2. 정해진 범위 내에서 찾고 함부로 자연을 훼손하지 않도록 한다. 아이들은 무언가를 잡거나 모으는 것을 좋아한다. 발견한 것의 생김새나 움직임을 관찰할 때 쉽게 몰입하고 그것에 대해 더 알고 싶어 한다. 알고 싶은 호기심으로 충분하다. 꼭 도감으로 식별하는 '알기'를 강조할 필요가 없다. 자연에서 찾은 보물은 꼭 필요한 만큼만 가져오고 함부로 꺾거나 살아 있는 것을 죽이지 않도록 일러둔다.

나도 시인

학습 목표 | 숲에서 찾은 대상을 자세히 관찰하고 그 느낌이나 생각을 시로 표현할 수 있다.
관련 교과 | 체육 3학년 3.표현활동, 국어 4학년 2학기 1.우리들의 시, 6학년 1학기 3.다양한 표현
준 비 물 | 필기도구, 돋보기나 루페

 ## 선생님과 함께하는 모의수업 ■ ■ ■ ■ ■ ■ ■

봄은 어떤 향기일까요? 봄을 색으로 표현한다면 어떤 색이 떠오르나요? 나뭇가지마다 잎눈과 꽃눈이 뾰족이 껍질을 뚫고 나오고 있어요. 다 같이 상상해 보며 귀 기울여 봐요. 꿈틀꿈틀, 살금살금 움직이는 모습도, 바람에 흔들리는 나뭇잎의 모습도 다양하지요? 봄을 맞은 숲의 친구들을 소리, 표정, 몸짓으로 흉내 내 볼까요?

✚ 시로 표현하기

1 숲에서 표현하고 싶은 글감을 찾아본다.
2 글감과 사귈 수 있는 시간을 20분 정도 준다.
3 글감의 특징을 소리나 대사, 표정, 몸짓으로 나타내 본다.
4 느낌이나 떠오른 생각을 시로 표현해 본다.

> 나무, 개미, 돌멩이 등 무엇이든지 시의 글감이 될 수 있단다.

> 표현하고 싶은 숲 속 친구들에게 다가가 보렴.

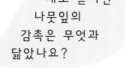

> 새로 돋아난 나뭇잎의 감촉은 무엇과 닮았나요?

> 아기 뺨 같아요. 나비의 날개 같아요!

스스로 하는 체험학습 — ■ ■ ■ ■ ■ ■ ■ ■ ■ ■

✛ 꽃 관찰하기

1 꽃과 잎의 색깔, 모양 등을 관찰한다.

2 꽃과 약간 떨어져 앉아 어떤 친구들이 찾아오는지 살펴본다.

3 꽃은 바람, 곤충 등 친구들과 어떤 이야기를 하였는지 상상해 발표해 본다.

4 꽃이나 나무에게 하고 싶은 말을 시로 표현해 보자.

✛ 몸으로 표현하기

꽃타령

신현득 전래동요 다듬음

이 꽃 저 꽃 무슨 꽃
봄이 왔다 진달래
흰새 같은 목련꽃
노랑노랑 개나리.

무릉도원 복사꽃
연분홍 살구꽃
하얀 나비 배꽃
무덤가에 할미꽃.

『어린이가 정말 알아야 할 우리전래동요』에서

꿈틀꿈틀
움직이는 모습을
표정과 소리로
표현해 볼까?

바람에
흔들리는
나뭇잎의 모습은
어떻게 표현하면
좋을까?

 교사일기

대부분의 아이는 숲에 들어가 본 경험이 있다. 경험이나 책, 텔레비전 등을 통해서 이미 알고 있지만 직접 찾아보면 새롭게 발견되는 것이 많다는 것을 알게 된다. 이제까지의 활동이 숲에서 움직이고 관찰하며 함께하는 활동이었다면 '시로 표현해 보기'는 아이들 자신과 숲의 일대일 교감과 개인적인 표현이다.

✚숲 속 보물 안내

보물 목록	이런 것을 찾아요.
곤충의 알	곤충은 어디에 알을 낳을까요? 알은 눈에 잘 안 띄는 곳에 있 겠죠. 알은 새로운 생명의 탄생을 담고 있는 숲의 보물이지요.
새눈	나뭇가지에 돋아난 새눈을 찾아보세요. 아니면 새싹이라도. 새눈은 잎이 될까요? 꽃이 될까요?
먹힌 자국이 있는 것	잘 살펴보면 식물의 잎이나 열매 등에 벌레나 짐승에게 먹힌 자국이 있어요. 자연 속에 있는 것은 누군가의 먹이가 되지요.
손바닥만 한 잎	큰 잎을 발견하면 자신의 손바닥과 비교해 보세요. 큰 잎이 없을 때에는 가장자리가 들쭉날쭉한 잎이라도 좋아요.
새소리	새소리가 나지 않는 숲은 건강한 숲이 아니지요. 새소리가 들리는 쪽을 잘 찾아보세요.
좋은 냄새	일찍 꽃을 피운 나무에게서 나는 꽃 향기, 소나무 향기 등 좋은 냄새가 나는 곳을 찾아보세요.
열매	숲 바닥에는 많은 나무 열매가 떨어져 있어요. 솔방울이나 밤, 나뭇가지에서 지난해 맺은 열매도 찾아보세요.
부드러운 느낌인 것	내 친구 누구누구의 뺨처럼 부드러운 느낌인 것을 찾아봐요. 부드러운 봄바람을 느껴 보세요.
가시	길 옆 초목이 무성한 곳을 주의 깊게 살펴보면 작은 가시가 달린 나무가 있어. 찔레, 산딸기, 아까시나무, 산나물로 유명한 두릅나무나 밤송이도 찾아보세요.
쓰러진 나무토막에 사는 것	숲 여기저기에는 죽어서 쓰러진 나무토막, 잘 살펴보면 거기에 뭔가 살아 있는 것이 있어요. 그들의 역할은 무엇일까요?

이름   장소   날씨

보물 목록	선물하고 싶은 친구	주고 싶은 이유
곤충의 알		
새눈		
먹힌 자국이 있는것		
열매		
버섯		
새소리		
좋은 냄새		

식물이 계절에
따라 모습이 바뀌듯
알에서 깨어나 어른
나비가 되는 과정은 참
신비롭지요?

호랑나비의 한살이

노란 구슬 같은 알

황갈색에 흰점이 있는 3령애벌레

냄새뿔을 돌출한 종령애벌레

번데기

날개돋이

어른벌레

①②
③④
⑤⑥

22

『우리가 정말 알아야 할 나비 백가지』에서

36

+숲 속 친구에게 편지를 써 보아요.

물방울의 여행

내가 사는 마을에서 가까운 냇가나 강가에 나가 보자. 따스한 봄볕에 강
물도 녹았을까? 물은 낮은 곳으로 흐른다는데 우리 마을에는 어느 쪽으
로 흐르고 있을까? 물이 있는 곳에는 생명이 있다는데 강물에는 어떤 생
명이 깃들어 있을까? 무의미하게 바라보던 우리 마을 강으로 호기심 가
득한 아이들과 함께 가 보자.

강에서 놀아요

활동 목표 | 강가에서 돌이나 풀잎을 가지고 놀면서 강에 사는 생물과 무생물에 관심을 가질 수 있다.

관련 교과 | 국어 3학년 1학기 2.좋아하는 시, 과학 4학년 1학기 7.강과 바다, 5학년 1학기 8.물의 여행, 5학년 2학기 1.환경과 생물

준 비 물 | 강가에서 즐겁게 놀겠다는 마음, 자연 특히 생명을 해치지 않겠다는 다짐

선생님과 함께하는 모의수업 ▪ ▪ ▪ ▪ ▪ ▪ ▪ ▪

우리 마을에 강이 있을까요? 강으로 흘러드는 작은 샛강도 있을 텐데 어디에 가면 볼 수 있을까요? 학교 운동장이나 마을 골목도 재미있는 놀이터지만, 옛날에는 잔디밭이나 냇가처럼 어디든 놀이터였답니다. 여러분은 강가에서 노는 것을 좋아하나요?

✚ 물수제비 뜨기

1 강가에서 예쁘거나 특이한 돌멩이를 줍는다.

2 주운 돌에 이름을 지어 본다.

3 한 자리에 모두 모아 전시하고 돌의 이름, 특이한 점, 있던 곳의 특징을 이야기한다.

4 가장 멋진 돌멩이를 뽑아 '돌멩이상'을 준다.

5 적당한 돌을 찾아 물 위에 힘껏 던져 본다.

6 던진 돌이 물 위에서 뛰어가게 하려면 어떤 조건이 필요한지 생각한다.

7 물수제비 뜨기 대회를 연다.

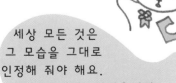

이 돌멩이는 어디서 왔을까? 이름도 지어 주자.

세상 모든 것은 그 모습을 그대로 인정해 줘야 해요. 못생겼으니까, 더러우니까 하고 무시하지 말고 왜 있는지 생각해 봐요.

물수제비를 뜨면 돌멩이가 노래하는 것 같지? 돌멩이가 닿은 자리에 동그란 물결이 생기네?

담방담방 소리가 나요. 동강동강 노래를 해요.

스스로 하는 체험학습 ▬ ▬ ▬ ▬ ▬ ▬ ▬ ▬

✚ 재미있는 피리 만들기

● 「버들 피리」 만들기

①

②

③

④

⑤

1) 나무에 물이 오르기 시작하는 초봄 아이 손가락 굵기의
   나뭇가지(버들가지나 산오리 나무, 미루나무 등)를 15cm 내로
   자르고 잎을 떼어 낸다. 가능한 잎이 많지 않은 가지를 고른다.
2) 가지를 조심스럽게 비틀면 속심에서 껍질이 분리되는 느낌이 든다.
3) 껍질이 터지지 않게 잡고 속심을 빼낸다.
4) 속이 빠진 껍질에서 부는 쪽(가는 쪽) 겉 껍질을 1.5cm 정도 벗겨 낸다.
5) 벗겨 낸 곳을 눌러 잡고 가볍게 분다. 굵은 가지에 가는 가지를 끼워 길게 만들어 불거나
   두 개를 동시에 불기도 하며, 피리처럼 구멍을 여러 개 뚫어 음색을 조절하면 멋진 연주도
   할 수 있다.

● 「조릿대 피리」 만들기

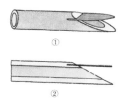
①

②

1) 어른 손가락 굵기의 조릿대나 호장근 줄기, 고삼 줄기를
   15cm 내로 한쪽을 비스듬히 자르고, 위로 칼자국을 낸 다음
   그 사이에 댓잎을 끼워 구멍에 맞게 다듬는다. 호장근, 고삼
   줄기는 조릿대와 같이 줄기 속이 비어 있고 살이 연하여 가
   볍게 다룰 수 있다.
2) 불 때는 떨림판이 잘 진동하도록 입을 가볍게 대야 '뿌우'
   하고 굵은 소리가 난다. 조릿대로 만들 때는 부는 반대쪽 마
   디를 살리기도 하고 보통 피리처럼 구멍을 여러 개 뚫어 음
   색을 조절하면서 불기도 한다.

● 「보릿대 피리」 만들기

① ②

1) 그림과 같이 쪼개고 마디 반대쪽에서 분다.
2) 가운데를 쪼개고 마디 반대쪽에서 분다. 벼가 누렇게 익기 전
   이 소리가 잘 나며, 쪼개는 크기에 따라서 소리가 달라진다.

● 「댓잎 피리」

댓잎을 양손에 끼우고 불면 찡 울음 소리가 난다. 세게 불어야
소리가 나므로 숨이 차고 힘들다.

『우리가 정말 알아야 할 우리 놀이 백가지』에서

강의 자연도 조사하기

활동 목표 | 1.강의 자연도를 간단하게 조사할 수 있다.

2.자연 상태의 강과 지금의 강의 특징을 이야기할 수 있다.

관련 교과 | 과학 4학년 1학기 7.강과 바다, 5학년 2학기 1.환경과 생물, 사회 5학년 1학기

3.환경보전과 국토개발

준 비 물 | 아이들: 돋보기나 루페, 활동지와 연필, 클립보드, 뜰채 등

교사: 생물 간이도감(코팅), 식물도감, 곤충도감 등

✿ 선생님과 함께하는 모의수업 ▬ ▬ ▬ ▬ ▬ ▬ ▬

우리 마을을 흘러가는 강물은 어디서 왔을까요? 강은 사람들의 생활에 아주 밀접한 관련
이 있으며, 물속 생물의 생활 터전이기도 해요. 옛날에는 이 강이 어떤 모습이었을까요?
원래 모습 그대로일까요, 시간이 지나면서 많이 바뀌었을까요? 강물 속에 어떤 생물이 살
고 있는지 알아보기 위해 생물이 다치지 않게 조심히 채집해 보아요.

➕ 강가 탐험

1 강을 넓게 바라볼 수 있는 곳에 자리 잡
고, 주변 모습을 그림으로 그린다.

2 자연도 조사표⁴⁷쪽를 작성한다.

조사표에 나오는 여러 개념을 설명한다.

3 총점에 따른 자연도 기준표⁴⁸쪽와 비교하
여 자연도를 알아본다.

4 물속이나 물가에 사는 생물을 채집하고
도감을 참고하며 관찰한다.

5 생물 조사표⁴⁹쪽를 작성한다.

6 강의 자연도와 생태에 대해 분석하여 서
로 이야기한다.

7 활동 소감을 쓰고 이야기를 나눈다.

준비물을
살펴볼까?

루페 　 돋보기

어항

뜰채

✚ 갈대와 억새

이 강가에도 갈대가 참 많구나.

갈대는 가느다란 대나무처럼 생겼다고 해서 갈대란다. 줄기 속이 비어 있어서 강한 바람에도 쓰러지지 않고 견딜 수 있는 거야.

억새 잎 가장자리에는 날카로운 톱니가 있으니까 손을 베지 않도록 조심해야 한단다.

갈대는 낮은 지대의 물가나 습지에서 자라지만 억새는 낮은 들부터 높은 산까지 마른 곳에서 자란단다. 열매이삭을 보면 갈대는 갈색이지만 억새는 은빛이 도는 흰색이지.

갈대의 열매 맺은 모습

참억새의 열매가 날아가는 모습

 ## 쉿, 주의!

1. 조사할 장소는 반드시 사전 답사를 한다.
2. 가능한 얕은 물, 물살이 세지 않은 곳에서 활동한다.
3. 물속의 돌이나 낙엽을 들춰 채집했을 때는 제자리에 갖다 놓는다.
4. 필요한 것만 채집하고 관찰 후에는 놓아준다.
5. 물가의 식물은 뿌리째 채집하지 않는다.

물속의 작은 동물 이야기

활동 목표 | 1.이야기를 들으며 물속 생물의 생태적 특성을 여러 방법으로 나타낼 수 있다.

2.활동으로 느낀 소감을 서로 이야기할 수 있다.

관련 교과 | 국어 4학년 1학기 1-2.뜻 모아 하나 되어, 5학년 1학기 4.숨어 있는 의미, 음악 5학년

맑은 물 흘러 가니

준 비 물 | 이야기를 잘 듣는 귀, 느낌을 잘 나타내는 몸과 마음

 ## 선생님과 함께하는 모의수업 ▬ ▬ ▬ ▬ ▬ ▬

이제 여러분은 물속에 사는 작은 벌레가 될 거예요. 나는 물속 생물 가운데서 어떤 생물이
되었나요? 〈물속의 작은 동물 이야기〉 속에 내가 되고 싶은 벌레가 나오지 않더라도 다
른 친구들의 움직임을 느끼도록 하세요. 느낌이 가는 대로 여러분의 몸을 움직여 보세요.
물결의 흐름을 느끼면서 주변의 움직임을 느낍니다. 먹이와 깨끗한 물을 찾아 계곡 위쪽
으로 간 강도래는 어떤 일을 겪을까요?

✚강도래 되어보기

1 모두 눈을 감는다.

2 〈물속의 작은 동물 이야기⁴⁵쪽〉를 들려준다.

3 활동 후 느낌이나 생각을 서로 이야기한다.

4 상상하며 뒷이야기를 이어 본다.

5 서로의 글을 발표한다.

배가
고픈 강도래는
행복해졌을까? 다른
어려움을 만나지
않았을까?

자유롭게
이야기를 만들어
볼까?

맑은
물을 찾았을
거예요.
죽을지도
몰라요.

여러분, 기지개를 한번 켜고 물속 친구들을 만나러 가 볼까요?

다 함께 편하게 앉아서 눈을 감아요.

옆새우처럼 옆으로 게처럼 움직여 볼까요?

물속의 작은 동물 이야기

발가락을 물속에 담가 볼까요? 물이 차갑네요.(몸서리치기) 발에서 엉덩이까지 물에 잠기고 목도 물에 잠겼어요. 어, 물살이 너무 빨라서 몸이 저절로 떠내려가려고 해요. 다리를 물 밑바닥에 꽉 대고 버텨 보세요. 이번에는 얼굴도 물속에 넣어 볼까요? 어푸어푸, 숨을 쉴 수가 없네요. 얼굴을 물 밖으로 얼른 내밉시다. 다시 한 번 숨을 들이켜고 물속에 얼굴을 넣었더니 무엇이 보이나요?

이번에는 다리를 물 밑바닥에서 떼고 물고기처럼 헤엄을 쳐 보세요. 손을 지느러미처럼 천천히 움직이고 다리를 흔들면서 물의 흐름을 느껴 보세요. 천천히 아주 천천히.

이제 물속 친구들을 만나러 떠나 볼까요?

낙엽이 물 위에 떠·있네요. 그런데 잎맥만 앙상하게 남아 있어요. 아무래도 썩은 나뭇잎을 좋아하는 옆새우 짓인가 봐요. 새우처럼 등이 휜 옆새우가 어제 저녁에 먹다 남겨 놓은 나뭇잎을 다시 먹기 시작하네요. 작은 입을 오물거리며 연한 잎만 골라 먹습니다. 정말 맛있나 봐요. 아, 저쪽에 지난밤 물 위로 떨어져 알맞게 젖은 아까시나무 잎이 보이네요. 옆새우는 친구들과 함께 아까시나무 잎 쪽으로 옮겨 갑니다. 게처럼 옆으로 움직이며 갑니다.

귀여운 강하루살이가 돌바닥을 이리저리 옮겨 다닙니다. 친구 강하루살이와 함께 돌바닥을 기어 다니며 먹을 것을 찾습니다. 여러분도 강하루살이처럼 손과 다리를 써서 기어 다녀 보세요. 아주 재빠르게요. 내일모레쯤에는 땅 위로 기어올라 날개를 펴고 말린 다음 하늘을 날아다닐 겁니다. 하늘을 나는 기분은 어떨까요? 그런데 아쉽게도 하루살이는 물속을 떠나면 오래 살지 못합니다. 3시간이나 하루, 기껏해야 일주일 동안만 살 수 있습니다. 왜 이름이 하루살인지 알겠지요? 하루살이가 되어 하늘을 날아 보세요. 높이, 더 높이…… 물속 작은 생물 중에서 가장 힘이 센 뱀잠자리 애벌레가 물 밑바닥에 숨어서 먹이를 기다립니다. 다른 물속 작은 생물은 뱀잠자리 애벌레를 아주 무서워합니다. 왜냐고요? 잡아먹히거든요. 지금도 무엇인가 입속에 넣고 우물거리는 모습을 보니 날도래나 강하루살이가 잡아먹힌 것 같네요. 아래턱을 쑥 내밀어 먹이를 낚아채는 뱀잠자리 애벌레의 모습을 상상해 보세요.

물밑이 모래로 되어 있는 곳으로 가 봅시다. 가만히 기다려 보세요. 어, 모래가 움직이지요! 자세히 보니까 뭉쳐진 모래에 무엇인가 들어 있네요. 날도래랍니다. 이 친구는 입속에서 나오는 끈끈한 액체로 모래를 단단히 뭉쳐서 집을 만든다고 합니다. 집이 아주 무거워 보이지요? 그래서 아주 천천히 움직입니다. 날도래처럼 집 안에 숨어서 머리와 앞발만 밖으로 내밀고 움직여 보세요.

저쪽에 물 밖 곤충과 비슷하게 생긴 작은 동물이 있네요. 더듬이와 꼬리가 두 개씩 있는 걸 보니까 강도래네요. 강도래는 다른 물속 작은 동물처럼 깨끗하고 차가운 물을 좋아합니다. 먹이로는 하루살이와 옆새우를 좋아하고요. 그런데 요즈음 걱정이에요. 예전처럼 물이 깨끗하지도 차갑지도 않거든요. 하루살이와 옆새우를 보기도 어려워졌어요. 오늘도 점심을 굶은 옆새우는 계곡 위쪽으로 조금 거슬러 올라가 보기로 했습니다. 아무래도 위쪽에는 먹을 것이 더 있겠죠?

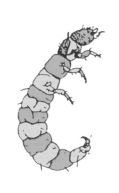

넓은머리물날도래

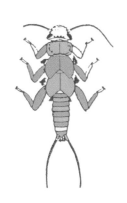

두눈강도래

옆새우

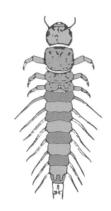

대륙뱀잠자리 애벌레

✚ 자연도 조사표

항목	0	1	2	3	4	5	비고
1.물막이							5점 : 물막이가 없음. 3점 : 징검다리 형태의 자연석 0점 : 콘크리트로 된 보가 있음.
2.주변 땅 이용							5점 : 강 바깥쪽이 숲이거나 산 3점 : 농경지, 녹지 등이 많고 주택이 적음. 0점 : 밀집된 주택단지 혹은 상가
3.둑							5점 : 나무, 풀, 암반으로 덮인 자연제방 3점 : 자연제방과 인공제방이 섞여 있음. 0점 : 콘크리트로 되어 풀이나 토양이 없음.
4.호안 (물길과 둔치 사이)							5점 : 자연 상태 3점 : 정비했으나 나무나 풀을 심었음. 2점 : 돌망태나 자연석으로 정비 0점 : 전체가 콘크리트블록
5.둔치							5점 : 자연 상태로 이용이 없음. 3점 : 정비했으나 나무나 풀도 있음. 1점 : 1/3 정도가 포장 0점 : 2/3 이상 포장, 주차장과 도로로 이용
6.물길							5점 : 자연 하천으로 물길이 구불구불함. 3점 : 정비되었으나 물길이 구불구불한 편이고 여울, 소 등이 보임. 0점 : 물길이 정비되어 직선이고 여울, 소 등이 전혀 보이지 않음.
7.물밑 재료							5점 : 바위, 자갈, 모래가 골고루 있음. 3점 : 위 자연 재료 중 2가지 정도가 많음. 1점 : 더러운 진흙으로 되어 있음. 0점 : 콘크리트 바닥
8.물의 상태							5점 : 마시고 싶은 생각이 날 정도로 맑음. 3점 : 물장난을 하고 싶을 정도임. 2점 : 물이 탁하나 냄새는 거의 없음. 1점 : 물이 아주 탁하고 냄새가 심함. 0점 : 악취가 심하여 가까이 가기도 싫음.
총점							

✚총점에 따른 자연도 기준표

총점	자연도
40점~33점	자연 상태에 가까우며 인간에 의해 훼손되지 않음.
32점~25점	인공물이 조금 있지만 자연 상태가 양호함.
24점~17점	인공물과 자연 상태가 반 정도 섞여 있는 곳임.
16점~9점	인공물이 많고 주변의 자연 상태가 심하게 훼손되어 있으며 물이 탁한 편임.
8점~0점	인공물이 아주 많고 자연 상태를 알아볼 수 없을 정도로 주변이 훼손되어 있으며 물이 아주 탁하고 냄새가 심함.

※ '환경과 생명을 지키는 서울초등교사모임'에서 어린이용으로 손질한 것입니다.

+ 생물 조사표

이름: 년   월   일

내가 만난 하천의 생물들

곤충		양서류
식물		물고기
새		기타

봄 내음 가득한 밭두렁에서

따스한 봄 햇살에 꽁꽁 얼었던 땅이 풀어지면 들판 가득 흙을 비집고 새 싹이 돋아난다. 이름도 없이 그저 뭉뚱그려 잡초라고 부르기엔 조심스럽 다. 허리를 낮춰 꼼꼼하게 살펴보면 미처 접하지 못했던 경이로움을 맛보 게 된다. 다정하게 다가가는 마음, 바로 자연을 만나는 첫걸음이다.

들풀은 어디에 있을까

활동 목표 | 1.논둑이나 밭에서 볼 수 있는 들풀의 이름을 알 수 있다.

2.여러 들풀의 생김새를 관찰하는 능력을 기를 수 있다.

관련 교과 | 슬기로운 생활 1학년 1학기 1.봄나들이, 과학 3학년 2학기 1.식물의 잎과 줄기

준 비 물 | 돋보기나 루페, 종이, 활동지, 연필, 들풀 간이도감, 식물도감(교사)

 선생님과 함께하는 모의수업 ■ ■ ■ ■ ■ ■ ■ ■ ■ ■ ■

납작납작 땅바닥에 붙어 있다가 봄볕에 손 흔드는 친구들은 누굴까요? 봄바람에 살랑살랑 얼굴을 쏘옥 내미는 친구는 누굴까요? 봄이 되면 쉽게 볼 수 있는 들풀에 대해 알고 있나요? 우리 땅에서 나는 들풀을 모르는 것은 부끄러운 일이에요. 그러나 들풀은 누가 알아주지 않아도 피었다 지며 묵묵히 자기 할 일을 다 한답니다.

➕들풀 바로 보기

❶논이나 밭 주변에서 들풀이 어떤 모습으로 자라는지 살펴본다.

잎에 잔털이 있어요. 독특한 향이 나요. 앞면과 뒷면의 색이 달라요.

잎 모양이 동그래요, 뾰족뾰족한가요? 만져 본 느낌이 어때요?

줄기가 비어 있어요. 잎이 하나예요. 네 장씩 돌려 나와요.

잎이나 줄기에서 나오는 즙의 색은 어떤가요? 줄기에 잎이 하나씩 붙어 있나요? 마주 보고 있나요? 줄기나 가지 없이 잎이 나나요?

2 들풀을 골라 잎의 색깔과 모양을 살펴보고 나물로 먹어 본 들풀이 있는지도 찾아본다.

3 줄기, 꽃 등을 살펴본다.

4 도감을 보며 들풀의 이름을 알아본다.

5 관찰 후 나에게 친근한 느낌이 드는 들풀이 무엇이었는지 이야기해 본다.

6 들풀의 생김새를 그리거나 글로 표현해 본다.

액자를 만들면 더 집중해서 볼 수 있어요.

나무는 봄부터 가을까지 자라지만 들풀은 겨울에 시들어 없어지지. 들풀은 땅을 건강하게 만들어 주고 곤충, 다른 동물의 먹이를 생산하고 흙이 마르지 않게 도와주는 등 다양한 일을 한단다.

 교사일기

아이들이 발견한 들풀에 대해 스스로 느낌을 찾을 수 있도록 기다린다. 먼저 이름을 가르쳐 주지 말고, 아이들이 들풀의 이름을 직접 지어 보도록 이끈다. 있는 그대로 자연을 받아들일 수 있도록 한다.

생명이 숨 쉬는 땅

활동 목표 | 건강한 흙은 생명을 품고 잘 키울 수 있다는 것을 알 수 있다.
관련 교과 | 과학 4학년 1학기 4.강낭콩, 6.식물의 뿌리, 실과 6학년 2.아름다운 환경 가꾸기
준 비 물 | 모종삽, 빈 화분이나 페트병, 못 쓰는 그릇

 ## 선생님과 함께하는 모의수업 ━ ━ ━ ━ ━ ━

해마다 어김없이 사람 손이 닿지 않아도 들풀이 자라죠? 누가 심거나 씨앗을 뿌린 것도 아닌데 어떻게 싹을 틔우고 꽃을 피우는 걸까요? 땅속에 비밀이 있대요. 흙 속엔 눈에 보이지 않는 미생물이 많이 살고 있는데, 낙엽이나 곤충 배설물, 죽은 동식물 등을 잘게 부수면서 살아가지요. 이런 활동은 흙을 부드럽고 건강하게 만들어 식물이 잘 살아갈 수 있도록 해주어요. 그래서 땅속에서 잠자고 있던 씨앗이 싹을 틔울 수 있는 거예요. 그런데 땅이 오염되면 어떤 일이 생길까요?

✚ 빈 화분 키우기

1 화단이나 길가, 밭둑, 논둑 등에서 되도록 겉흙을 구해 온다.

2 빈 화분이나 바닥에 구멍을 뚫은 페트병에 흙이 빠지지 않게 작은 돌멩이를 넣는다. 흙만 담아 채운다.

3 화분을 햇볕이 드는 창가에 두고, 흙이 마르지 않도록 가끔씩 물을 준다.

4 빈 화분에서 싹이 트면 씨앗이 어디서 왔을까 생각해 본다.

5 좀더 자라면 도감에서 식물을 찾아보거나 이름을 새로 지어 준다.

흙만 담아 놓은 빈 화분에서 어떻게 이런 식물이 자랐을까? 대부분의 풀은 겨울이 되면 씨앗만 남기고 말라 죽지. 건강한 흙은 작은 씨앗을 겨우내 품고 있단다. 씨앗은 추운 겨울을 견디고 따뜻한 봄이 되면 싹이 나오는 거야.

스스로 하는 체험학습 ▪ ▪ ▪ ▪ ▪ ▪ ▪ ▪ ▪ ▪ ▪ ▪

╋들풀 정원 가꾸기

1 밭이나 논둑, 화단, 길가에서 꽃이 피지 않은 들풀 중 마음에 드는 것을 골라
   조심히 뿌리를 캐고 흙도 함께 담아온다.

2 물 빠짐 구멍을 뚫은 페트병이나 화분에 들풀을 옮겨 심는다.

3 흙을 가득 채운 뒤 물을 듬뿍 준다.

4 돌이나 떨어진 나뭇가지를 이용해 봄의 풍경을 꾸며 본다.

5 정원의 이름을 지어 주고, 들풀이 어떻게 자랐으면 좋겠는지 이야기한다.

6 2~3일에 한 번씩 오전에 뿌리가 흠뻑 젖을 정도로 물을 준다.

7 식물 관찰일지58쪽를 쓴다.

토끼풀은
어디서나 잘
자라는데, 뿌리의 혹
같은 것이 땅속에서
질소를 고정시켜 땅을
기름지게 해준단다.

╋식물 관찰일지

들나물 맛보기

활동 목표 | 먹을 수 있는 들풀을 알아보고, 그 중 몇 가지로 음식을 만들 수 있다.
관련 교과 | 사회 3학년 1학기 2.우리 고장 사람들의 모습, 실과 5학년 1학기 5.우리의 식사
준 비 물 | 모종삽, 봉지, 조리 도구

 선생님과 함께하는 모의수업 ■ ■ ■ ■ ■ ■ ■ ■ ■

살랑살랑 봄바람을 맞으며 들나물 캐러 가 볼까요? 들마다 언덕마다 파릇한 봄나물이 한창인데, 여러분도 보았나요? 들나물은 사람이 기른 것이 아니라 들에서 스스로 자라니까 꼭 제철에만 먹을 수 있어요. 봄이 되면 나른하고 졸린 우리 몸을 깨워 주는 데 제격이지요. 길가 논둑, 밭에서 흔히 볼 수 있는 들풀 중 달래, 냉이, 씀바귀 등 봄나물을 캐서 봄을 맛보도록 해요.

✚ 들나물 비빔밥

1 이른 봄 논가나 밭둑으로 가서 주변의 모습을 살펴본다.

2 교사는 먹을 수 있는 들풀을 미리 따서 아이들에게 보여 주고 같은 종류를 찾아보게 한다.

3 먹을 만큼 채취한 나물을 다듬고 물에 씻는다.

4 그릇에 밥을 담고 봄나물을 얹은 뒤 고추장을 넣는다.

5 들나물 요리를 맛본 소감을 발표해 본다.

돌나물처럼 줄기가 마구 자라 엉키는 것은 잎이 싱싱한 부분만 손으로 뜯어요.

작은 물고기를 잡으면 놓아주듯이 식물 중 일부는 남겨 두는 아량을 베풀어요.

스스로 하는 체험학습

화전 만들기

1 찹쌀가루를 따뜻한 물에 반죽하여 둥글납작하게 빚어 놓는다.

2 달군 프라이팬에 기름을 두르고 반죽을 올려 한쪽 면만 지진다.

3 뒤집어서 익은 면에 꽃술을 뗀 진달래꽃, 개나리꽃 등과 쑥을 놓고 한 번 살짝 뒤집어서 건져 낸다.

나물노래 가사 바꾸어 불러 보기

꼬불꼬불 고사리 이산 저산 넘나물

가자 가자 갓나무 오자 오자 옻나무

말랑말랑 말냉이 잡아 뜯어 꽃다지

배가 아파 배나무 따끔따끔 가시나무

바귀 바귀 씀바귀 매끈매끈 기름나물

4학년 음악 교과서 「나물노래」

쉿, 주의!

오염이 된 곳, 농약을 치는 곳 주변의 풀은 뜯지 않도록 한다. 돌나물처럼 줄기가 마구 자라서 엉키는 것은 한 번에 캐지 않는다. 냉이, 씀바귀, 민들레 등은 끓는 물에 데치고 찬 물에 헹구어 물기를 짠다. 돌나물, 달래는 깨끗이 씻어 양념하지 않고 그대로 사용한다.

+ 식물 관찰일지

이름:

♥ 식물 관찰일지	년 월 일
식물 이름	장소
내가 지어준 이름	
이유	

잎) 크기:	그림
모양:	
느낌:	
냄새:	
꽃) 크기:	
모양:	
색깔:	하고싶은 말
냄새:	

✚ 관찰일기 예시

들풀 화분 관찰일기			
식물 이름	괭이밥		
관찰 날짜 (심은 날짜)	2006. 6. 8.	날씨	맑음
재배 온도	26℃	재배 장소	교실 창가
식물의 키	15cm	잎의 수	큰 잎 7장, 작은 잎 3장

관찰 식물의 모양을 그림이나 사진으로 꾸며 보세요.
(잎이 자라는 모양이나, 꽃이 피고 열매를 맺는 모습 등)

잎은 어긋나게 달려 있고, 하트 모양의 잎 3개가 붙어 있다.
꽃잎이 5장인 노란색 꽃이 피었다.

식물을 관찰한 후 느낌을 적어 보세요.

3월 18일 나의 들풀이 1cm 자랐다. 키는 5cm 정도, 몸무게는 아직 모른다.
점점 연두색이 진해지는 것 같고 엄마를 알아보는 듯 잎을 흔든다.

……빈 화분에 흙을 담은 지가 엊그제 같은데, 싹이 트고 잎이 자라고 드디어 꽃이 피었다. 노란색의 예쁜 꽃이다. 이름은 괭이밥. 고양이가 먹는 밥이란 뜻인가. 잎을 따서 살짝 입에 넣어 보니 시큼한 맛이 난다. 어서어서 자라서 꽃이 많이 피었으면 좋겠다.

✚ 들풀 부채도감(들풀 카드 만들어 부채처럼 사용하기)

돌나물
제주도나 몇몇 섬 지방을 빼고 우리나라 어디서나 자라는 여러해살이풀. 산이나 들, 습한 바위틈에서 잘 자란다. 풀 전체가 도톰하고 줄기가 옆으로 뻗으면서 마디마다 뿌리를 내린다. 5~6월에 별모양 노란색 꽃을 피운다.

달래
낮은 언덕이나 산 가장자리, 밭두렁 등 햇볕이 많이 드는 곳에서 자란다. 추위를 잘 견디고 번식능력이 뛰어나며 빨리 자란다. 서늘한 곳에서 더 잘 자라고 기온이 25℃ 이상으로 높아지면 줄기와 잎이 말라죽는다.

괭이밥
밭이나 길가, 빈터처럼 햇빛이 잘 드는 곳에서 흔히 자란다. 줄기는 가지를 많이 치면서 옆과 위로 비스듬히 자라고 잔털이 많이 나며, 줄기에서 나온 잎자루에 작은 잎 3장으로 된 겹잎이 달린다.

기린초
돌나물과 같이 다육식물인 기린초는 거칠고 메마른 땅에서도 잘 견디며 줄기나 잎의 부분을 잘라 땅에 꽂아도 쉽게 뿌리를 내려 새로 자란다. 햇볕이 잘 드는 산속의 바위틈에 무리지어 자란다.

민들레
햇볕이 잘 드는 밭이나 들에서 자라는 우리 꽃. 원줄기가 없고 잎이 뿌리에서 바로 사방으로 퍼진다. 잎은 양쪽이 큰 톱니처럼 길게 자라고 4~5월에 노란 꽃이나 흰 꽃이 지면 작은 솜 같은 씨가 달려 바람이 불면 멀리까지 날려서 자란다.

꽃다지
우리나라 어디서나 자라는 두해살이풀. 산 아래쪽, 들이나 밭에서 자라고 잎과 줄기에 가는 털이 나 있다. 봄에 냉이 꽃처럼 생긴 노란 꽃을 피운다.

✛ 부채 만들기

1 실선을 따라 오린다.

2 그림이 위에 오도록 겹쳐 놓는다.

3 송곳으로 구멍을 뚫고 실을 끼워 넣어 고정한다.

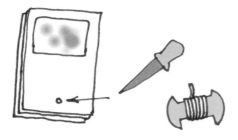

4 부채도감 완성!

토끼풀

우리나라에는 원래 없었는데 가축의 먹이로 쓰려고 외국에서 들여와 심어 가꾼 것이 나중에 저절로 번식하면서 자라게 되었다. 잔디밭, 강이나 내의 둔치, 산 가장자리 같은 햇볕이 잘 드는 곳이면 아무 데서나 잘 자란다.

냉이

새의 날개처럼 잎 가장자리가 깊게 갈라지는 뿌리잎은 냉이가 겨울을 날 때 땅에 바짝 달라붙어 식물체를 추위로부터 보호하는 역할을 한다(로제트). 우리가 보통 봄에 나물로 먹는 것은 이 로제트 상태의 냉이이다.

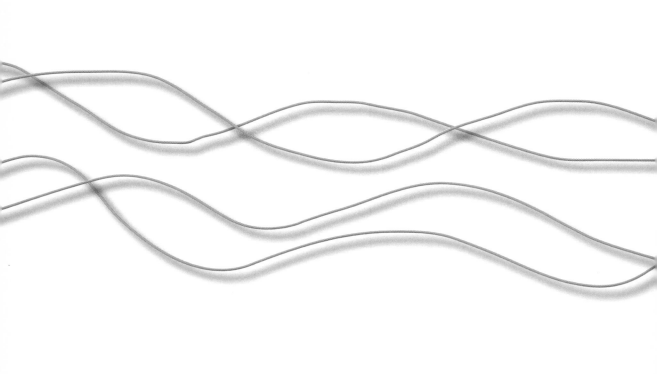

연못에는 어떤 친구들이 살까요?

운동장 한구석에 연못을 만들어 본다. 흙과 물을 채우고 수생식물도 몇 포기 심어 두면 어느새 하나 둘 생명이 깃든다. 작은 연못은 시간이 지나면서 여러 동식물이 어울려 사는 안정된 생태계가 되어 아이들의 시선을 끈다.

우리가 만드는 작은 연못

학습 목표 | 학교에 작고 소박한 연못을 꾸밀 수 있다.

관련 교과 | 과학 3학년 1학기 6.물에 사는 생물, 6학년 1학기 5.주변의 생물

준 비 물 | 삽, 비닐이나 방수 천, 흙, 수생식물

🌸 선생님과 함께하는 모의수업 ▬ ▬ ▬ ▬ ▬ ▬ ▬ ▬

연못은 생태계를 직접 관찰할 수 있는 살아 있는 환경교과서예요. 다양한 생물이 서로 어울려 살아가는 작은 보금자리이지요.

➕ 연못 만들기

1 적당한 장소에 흙을 파내고 비닐이나 방수 천을 깐다.

2 그 위에 식물을 심을 수 있도록 흙을 넣는다.

3 연못을 다 만든 뒤 물과 흙만 있는 모습을 관찰한다.

4 물 깊이에 따라 수생식물을 심는다.

5 어떤 생물이 자라는지 연못 탐험 보고서[73쪽]에 기록한다.

6 연못 생물이 잘 자라려면 어떤 환경을 만들어 줘야 하는지
이야기해 본다.

연못 생물이
건강하게 지내는
데 가장 중요한
것은 뭘까?

해가 잘 드는 곳에!

수돗가 근처(빗물 받이 아래)에!

방수되는 비닐이나 고무 통

이제
슬슬 물을
채워 볼까?

땅

수생식물을 심을 수
있도록 흙을 담아요.

개구리밥　　물옥잠　　연꽃　　갈대

논흙과 황토를 넣으면 빨리 정화가 되지요. 물을 정기적으로 갈아 줄 필요는 없단다.

식물은 정화 작용을 하지요.

🦋 알아 두면 좋아요

1. 연못에 벼를 심으면 어떻게 될까요?
   벼는 물이 있어야 잘 자라는 습지식물이에요. 연못에 벼를 심으면 좋아요. 벼 모종에 붙어 온 개구리밥, 물벼룩, 우렁이 등을 만날 수 있고, 꽃이 피면 나비랑 알을 낳으러 잠자리도 찾아온답니다. 연못이 아주 풍성해져요.

자, 벼가 이사 오고 난 후에 우리 연못은 어떻게 변할까?

2. 교정에 직접 연못을 만들 수 없는 경우에는 고무 통을 땅속에 묻거나 주둥이가 넓은 옹기 화분의 구멍을 막고 연못으로 꾸며도 좋아요.

3. 더운 여름에 수온이 급격히 올라가는 경우에는 찬물을 부어 온도 조절을 해요.

67

연못에 찾아온 친구들

학습 목표 | 연못에 사는 생물을 관찰하면서 습지 생태계를 이해한다.

관련 교과 | 과학 3학년 1학기 6.물에 사는 생물, 6학년 1학기 5.주변의 생물

준 비 물 | 고무 통, 비닐이나 방수 천, 흙, 수생식물, 삽

 ## 선생님과 함께하는 모의수업　- - - - - - - - -

연못을 주의 깊게 살펴봐요. 움직이는 생물이 있나요? 참새도 날아오고, 달팽이도 놀러 오고, 소금쟁이도 사네. 이 친구들은 여기에 왜 왔을까요? 먹이를 찾으러 왔을까요? 목욕하러 왔을까요? 물 마시러 왔을까요?

✚ 올챙이 관찰하기

1 가까운 물 웅덩이에서 개구리 알을 채집한다.

2 개구리 알을 연못에 넣고 관찰한다.

3 올챙이의 성장 과정을 지켜보면서 특정한 변화 (뒷다리 나옴, 꼬리가 없어짐, 앞다리가 나옴)가 생길 때 그림을 그리거나 사진을 찍어 기록한다.

연못에 찾아온 친구들의 흔적을 찾아볼까?

발견한 것을 그림으로 기록하자.

이 잎은 벌레가 갉아 먹은 것 같아요.

이건 곤충의 알 같아요.

<u>스스로 하는 체험학습</u> ▪ ▬ ▬ ▬ ▬ ▬ ▬ ▬ ▬

✚연못 보물찾기

보물 목록을 보고 보물을 찾아봅시다. 다 찾았으면 빙고 판에 찾은 보물을 적거나 그림을 그려 보세요.

✚보물 목록

1 연못 속에서 꽃이 핀 식물

2 날아다니는 곤충

3 연못 속에서 움직이는 곤충

4 곤충의 알

5 가장 큰 식물

6 가장 작은 곤충

7 물고기나 개구리

8 여러분이 스스로 찾은 보물은 어떤 것인가요?

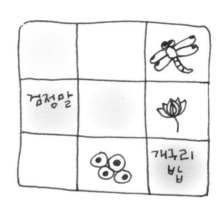

🌟 알아 두면 좋아요

✚연못에 사는 친구들

식물

물가: 벼, 갈대, 줄, 부들, 창포, 겨풀 등

뿌리는 땅속에, 잎은 물 위에: 수련, 연꽃, 마름, 가래, 네가래 등

물속: 구와말, 검정말, 붕어마름 등

물에 떠서 자라는 식물: 부레옥잠, 개구리밥, 생이가래 등

동물

송사리, 올챙이, 물달팽이, 납작우렁,
우렁, 미꾸라지, 물벼룩, 장구벌레, 게아제비,
물방개, 잠자리유충, 거머리, 소금쟁이 등

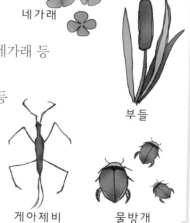

네가래

부들

게아제비

물방개

연못지도를 만들어 보자

학습 목표 | 연못에서 관찰한 것들을 그림, 문자, 기호 등을 써서 연못생태지도를 꾸밀 수 있다.

관련 교과 | 과학 3학년 1학기 6.물에 사는 생물, 국어 5학년 2학기 2.발견하는 기쁨

준 비 물 | 개구리 알, 관찰기록장, 필기구, 돋보기

 선생님과 함께하는 모의수업 ▪ ▪ ▪ ▪ ▪ ▪ ▪ ▪

연못은 식물이 자라는 화단보다 생물의 변화 과정을 생동감 있게 관찰할 수 있어요. 여러분이 생각하는 연못은 어떤 모습인가요? 어떤 이름을 지어 줄까요? 친구와 다투었을 때나 선생님께 꾸중 들어 속상할 때도 연못 앞에 앉아 있으면 마음이 편안해져요.

✛ 생태연못지도 만들기

1 전지에 연못의 전체적인 모습을 그린다.

2 모둠별로 물속 식물 모둠, 물속 동물 모둠, 주변 식물 모둠, 주변 동물 모둠으로 나눠 자세히 관찰한다.

3 관찰한 내용을 그림으로 그린다.

4 모둠별로 조사한 결과를 전지에 오려 붙이거나 그려 넣는다.

🌿 교사일기

1. 작은 생물은 돋보기로 관찰해요.
2. 교사는 아이들을 격려해 주며 연못을 정기적으로 살펴봐요.
3. 연못지도가 완성되면 연못 안내판으로 설치해도 좋아요.

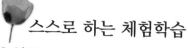

스스로 하는 체험학습

✚ 연못생태신문

모두 함께 연못 소식지를 만들어 보자.

✚ 주변에서 쉽게 보는 수생식물

수생식물은 오염된 환경을 정화하며 단아한 꽃을 피우고 번식한단다.

베란다, 정원에 수생식물을 키울 수도 있지.

수련

창포

좀개구리밥

마름

『어린이가 정말 알아야 할 우리풀백과사전』에서

+연못 탐험 보고서

이름 :　　　　　　　　　　　　　　년　월　일

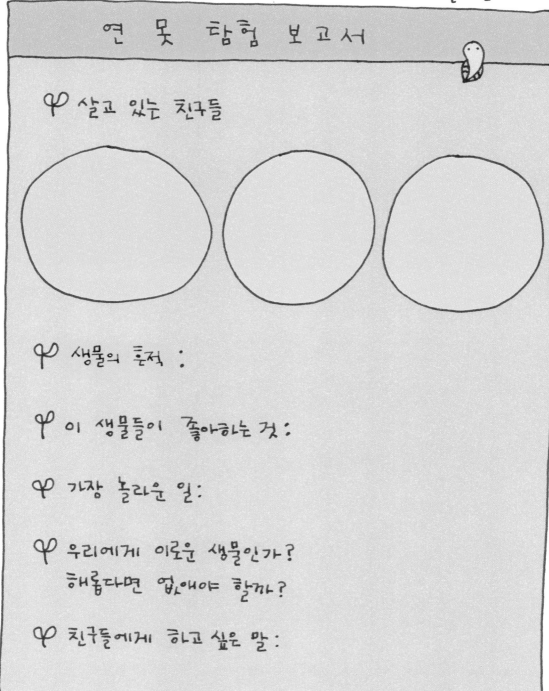

연 못 탐 험 보 고 서

🌱 살고 있는 친구들

🌱 생물의 흔적 :

🌱 이 생물들이 좋아하는 것 :

🌱 가장 놀라운 일 :

🌱 우리에게 이로운 생물인가?
　　해롭다면 없애야 할까?

🌱 친구들에게 하고 싶은 말 :

울창한 여름 숲으로

다가서기   나뭇잎 배 띄우기
알아가기   물속 생물 관찰하기
표현하기   나뭇잎 손수건 만들기

해가 쨍쨍, 땀이 줄줄. 무더운 여름엔 더위를 식혀 줄 서늘한 숲에 가고
싶다. 푸름으로 가득한 숲은 서로 어울려 살아가는 온갖 살아 있는 것의
보금자리이다. 맑고 시원한 계곡에서 나뭇잎 놀이도 하고 물속의 돌도
뒤집어 보며 어떤 생물이 살고 있는지 알아보자.

나뭇잎 배 띄우기

활동 목표 | 1.나뭇잎으로 배를 만들어 띄우며 자연과 친해질 수 있다.

2.계곡 주변의 모습을 이야기할 수 있다.

관련 교과 | 사회 5학년 1.우리나라의 자연 환경과 생활, 음악 5학년 9.봄이 가고 여름이 오면,

6학년 11.나뭇잎 배, 국어 6학년 2학기 1. 시와 함께

 ## 선생님과 함께하는 모의수업 ▬ ▬ ▬ ▬ ▬ ▬ ▬

골짜기 가득 물소리가 울려 퍼지네요. 계곡은 물이 맑고 깊이가 얕아 여러 생물을 관찰하기에 좋은 장소예요. 하늘을 올려다보면 나뭇잎 사이로 쏟아져 내리는 햇빛을 볼 수 있어요. 졸졸 흐르는 맑은 물 위에 나뭇잎이 떨어져 떠내려가네요. 여러분의 꿈을 실은 나뭇잎 배를 만들어 띄워 볼까요?

➕ 나뭇잎 배 만들기

1 계곡과 계곡 주변에서 눈에 띄는 것을 말해 본다.

계곡에 오니 어떤 느낌이 드니?

시원해요. 물소리가 크게 들려요.

2 물 흐르는 모양을 관찰한다.

작은 폭포도 있어요. 가장자리의 바위와 돌이 커요. 강보다 폭이 좁아요.

어떤 곳은 물살이 빠르고 어떤 곳은 고여 있기도 해요.

▤함께 나뭇잎 배를 만들어 띄운다.
▣나뭇잎 배가 떠내려가는 모습을 보면서 물의 빠르기와 여울, 소의 개념을 알아본다.

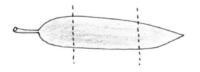 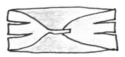 

1. 점선대로 접는다.   2. 가위로 접힌 곳을 자른다.   3. 양쪽을 가운데로 끼운다.

*갈댓잎, 조릿대 잎을 사용해요.

 스스로 하는 체험학습 ━ ━ ━ ━ ━ ━ ━

✚물레방아 만들기
❶억새 잎을 4장 따서
　길이를 맞춰 끝을 자른다.
❷그림과 같이 순서대로
　접고 끼운다.

❸곧은 나뭇가지에 끼우고 Y자 모양 나뭇가지에
　얹으면 물레방아가 완성된다.
❹작은 폭포를 이룬 곳에 물레방아를 놓고
　돌려 본다.

 알아 두면 좋아요

계곡에 비가 한차례 오면 어떻게 될까요? 물살이 빨라지고 물이 금방 불어나지요. 물고기들도 휩쓸려 내려가지 않으려고 미리 흐름이 느린 가장자리로 피합니다. 이렇게 비가 오고 나면 더러운 것도 씻겨 내려가고 물속 생물에게 필요한 산소와 영양도 풍부해집니다.

물속 생물 관찰하기

활동 목표 | 계곡에 사는 물속 생물의 생태를 알 수 있다.

관련 교과 | 과학 4학년 1학기 7.강과 바다, 6학년 2학기 5.쾌적한 환경

준 비 물 | 흰색 쟁반이나 접시, 붓, 돋보기, 벌레를 관찰하기 위해 담을 통, 꽃삽, 뜰채,
　　　　　　필기도구

🌸 선생님과 함께하는 모의수업 ■ ■ ■ ■ ■ ■ ■

맑은 물을 가만히 들여다보면 무슨 생물이 보이나요? 버들치가 이리저리 헤엄을 쳐요.
여러분이 잡으려고 아무리 애를 써도 물고기는 요리조리 잘도 피해 가요. 바위틈이나 물
속의 돌을 들춰 물속 곤충이나 물고기를 찾아볼까요? 계곡에는 어떤 생물들이 살고 있을
까요?

➕ 지표생물

물의 맑기에
따라 사는
물고기나 곤충이
다르단다.

그래. 그런 생물을
지표생물이라고 해요.
그런데 물이 오염되어서 이런
생물이 살 곳이 줄어들고
있다는구나.

물이
더러우면
못 사나요?

사람들이
물을 오염시켜
그런 거죠?

✚ 물속 생물 관찰하기

1 깨끗한 물이 흐르는 계곡의 상류로 간다.

2 물속 생물들이 있을 만한 곳을 찾아본다.

　▶ 물속에 있는 돌을 들춰 돌 밑을 살펴본다.

　▶ 물 흐름이 느린 곳에는 낙엽이 많이 쌓여 있다.
　　뜰채로 낙엽을 떠서 움직이는 벌레들을 찾아본다.

　▶ 바닥의 모래나 자갈을 꽃삽으로 파 본다.

3 움직이는 벌레들을 붓으로 살살 떼어 접시에 놓는다.

4 물을 조금 넣어 잘 움직이게 하고 관찰한다.

5 어떤 생물인지 도감 등을 찾아보고 기록한다.

6 계곡을 보전하려면 어떻게 해야 할지 생각해 본다.

4~6월이
계곡 생물을
관찰하기
좋아요.

날개 있는
벌레들도 애벌레
때는 물속에서
지내지.

강도래,
플라나리아,
잠자리 애벌레의
공통점은 뭘까?

물속에
살아요.

🎏 쉿, 주의!

1. 물속 바위는 이끼로 인해 미끄러울 수 있으니 조심한다.

2. 바닥에 깨진 유리 조각이 있을 수도 있으므로 샌들 같은 것을 신도록 한다.

3. 물속 생물을 손으로 직접 잡지 않도록 한다. (계곡의 물은 차갑다. 사람의 손으로 만지면 우리가
　뜨거운 물에 데는 것처럼 물속 생물에게는 충격을 주는 일이다.)

4. 들춰 낸 돌은 벌레들의 집이므로 다시 제자리에 놓는다.

5. 물속 생물 관찰에 필요한 만큼만 채집하고 관찰 후 놓아준다.

나뭇잎 손수건 만들기

활동 목표 | 1. 나뭇잎을 이용하여 간단한 생활 용품을 만들 수 있다.

2. 자연의 아름다움을 발견하고 구성할 수 있다.

관련 교과 | 과학 3학년 2학기 1. 식물의 잎과 줄기

준 비 물 | 여러 모양의 나뭇잎, 꽃잎, 무늬가 없는 흰 손수건, 숟가락

 선생님과 함께하는 모의수업 ▬ ▬ ▬ ▬ ▬ ▬ ▬

자연 속을 돌아다니면 평소에 익숙했던 것도 새롭게 보이죠? 숲을 걸으며 곤충, 들꽃, 나무에게 말을 걸어 보세요. 자연의 소리도 들어 볼까요? 나뭇잎 한 장 한 장 모으고, 꽃잎을 살짝 펼치다 보면 어느새 자연과 하나가 된답니다.

➕ 자연물로 멋 내기

1 주위에서 훈장 무늬와 비슷한 잎과 꽃으로 훈장을 만들어 옷에 붙여 보자.

2 길쭉한 잎, 동그랗고 넓은 잎, 주변에 있는 나뭇잎으로 가면을 만들어 보자.

3 갈퀴덩굴 잎이나 꼭두서니 잎의 위와 아래 줄기를 잘라서 옷에 붙인다.

4 토끼풀 잎의 줄기에 꽃줄기를 묶어서 화관을 만든다.

이 솔잎은 수염으로 사용하면 되겠다.

이 열매는 여우의 코로 하면 좋겠어요!

가장 좋은 미술 표현 재료는 자연에서 얻을 수 있단다. 위대한 미술가들도 자연에서 영감을 얻어 훌륭한 예술작품을 완성했어.

스스로 하는 체험학습 ▬ ▬ ▬ ▬ ▬ ▬

+ 나뭇잎 손수건 만들기(탁본)

1 주변에서 나뭇잎이나 꽃잎을 주워 온다.

2 나뭇잎을 바닥에 놓고 그 위에 천을 덮는다.

3 숟가락으로 천 위를 나뭇잎과 천이 안 움직이게
　하며 두드린다.

4 하루 정도 그늘에서 말린다.

5 처음 빨 때는 소금물에 담갔다가 빨도록 한다.

*탁본이 잘 안 되는 나뭇잎이 있다.
　환삼덩굴, 토끼풀, 단풍잎은 모양이 잘 나온다.
*천과 천 사이에 나뭇잎을 놓아 대칭으로
　표현해도 좋다.

 교사일기

자연 속을 돌아다녀 보면 평소에 익숙하다고 생각했던 것이 새롭게 보이기도 한다. 아이
들은 접하게 되는 자연에 적극적으로 반응한다. 자연을 아끼고 보호하는 마음은 학습보다
는 자연과 친해질 때 길러지므로 준비한 활동을 다 못한다고 아이들을 다그치지는 말자.
아이들의 호기심이 생길 수 있도록 느긋하게 진행하는 것이 좋다.

✚ 지표생물

수질 등급	물의 특징	지표생물
1급수	가장 깨끗한 물로 주로 산간 계곡을 흐르는 물, 바위에서 솟는 옹달샘	버들치, 버들개, 둑중개, 금강모치, 연준모치, 열목어, 어름치, 하루살이 애벌레, 강도래 애벌레, 날도래 애벌레, 옆새우, 산골플라나리아, 가재
2급수	비교적 깨끗한 물로 바닥에 깔린 모래나 자갈이 보이는 물	갈겨니, 참마자, 돌고기, 쉬리, 꺽지, 퉁가리, 자가사리, 장구애비, 소금쟁이, 다슬기
3급수	비교적 탁하고 황갈색의 물로 강의 하류나 저수지에서 흔히 볼 수 있는 물	피라미, 붕어, 잉어, 뱀장어, 참붕어, 각시붕어, 메기, 미꾸리, 미꾸라지, 우렁이, 말조개, 물달팽이, 소금쟁이, 잠자리 애벌레, 물장군, 거머리
4급수	고약한 냄새가 나는 물로 썩은 물 또는 죽은 물	어떤 물고기도 살 수 없다. 실지렁이, 모기 애벌레(장구벌레), 지렁이, 나방 애벌레, 거머리

*지표생물은 반드시 한 종류의 수질 등급에서만 사는 것이 아니다.(예: 갈겨니는 1,2급수에서는 살지만 3급수에서는 살지 못한다. 따라서 갈겨니를 1,2급수의 지표종이라고 부른다.)

버들치

피라미

붕어

『쉽게 찾는 내 고향 민물고기』에서

내가 관찰한 계곡의 생물 가운데 자세하게 관찰하고 싶은 생물을 직접 그려 봅시다.

이름:				날씨:
계곡의 생물들	장소:		년 월 일	
모습 그림	특징	발견한 곳	내가지은 이름	도감에서 찾은 이름

물고기와 친구하기

우리 마을의 내와 강에는 어떤 물고기가 살고 있을까? 옛날부터 우리 땅에서 살아왔던 물고기, 100여 년 안팎으로 외국에서 들여와 사는 물고기를 찾아본다. 강에서 물고기를 찾아 그 이름을 불러 주고 친구가 되어보자. 물고기 친구들이 건강하게 살 수 있는 강물이 우리 마을에 계속 흐르게 하자.

위대한 강

활동 목표 | 1.자연과 인간의 조화로운 삶을 이해할 수 있다.

2.인간의 탐욕이 결국 인간 자신을 해침을 알고 자연과 더불어 살아야 하는 까닭을 알 수 있다.

관련 교과 | 과학 4학년 1학기 7.강과 바다, 5학년 1학기 8.물의 여행, 5학년 2학기 1.환경과 생물

준 비 물 | 지도

 ## 선생님과 함께하는 모의수업 ▪ ▪ ▪ ▪ ▪ ▪ ▪ ▪ ▪ ▪

인간이 자연 속에 어울려 살았던 아름다운 시절. 옛사람들은 강에서 무엇을 했나요? 강의 모습은 다양해요. 자연스럽게 위에서 아래로 흘러가기도 하고, 도시의 하천은 사람들이 인공적으로 만들기도 했지요. 강이 흐르는 모양을 살펴볼까요?

➕ 강이 흐르는 모양

1 높은 곳에서 강의 전체 모습을 바라본다.

2 물이 흘러가는 방향을 짐작해 본다.

3 강 주변에서 볼 수 있는 것을 이야기한다.

자연스러운 강

도시의 하천

스스로 하는 체험학습 ▪ ▪ ▪ ▪ ▪ ▪ ▪ ▪ ▪ ▪

애니메이션 보기

1 '위대한 강'에서 이야기하는 세인트로렌스 강을 세계지도의 캐나다에서 찾아본다.

2 애니메이션 '위대한 강'을 감상한다.

3 감상을 마치고 서로의 생각과 느낌을 이야기하거나 적는다.

> **위대한 강**
> (프레데릭 백 감독, 1993년 작품)
>
> 캐나다 동부의 세인트로렌스 강의 태초부터 현재에 이르는 역사를 시적인 아름다움과 다큐멘터리적인 사실성으로 재현한 애니메이션이다. 환경의 파괴를 스스로 극복해 나가는 관대한 자연의 생명력을 깊은 울림으로 전한다.

옛사람들은 강에서 무엇을 얻었지? 강에서 무엇을 했나요?

강이 동물들, 사람들과 함께 다시 행복해지려면 무엇을 어떻게 해야 할까?

 교사일기

애니메이션 『위대한 강』은 아이들에게는 지루할 수 있는 내용이다. 사전에 충분히 이야기를 나누어 소통하고 공감한 후 보는 것이 좋다. 『센과 치히로의 모험』으로 대체해도 좋다. 특히 강의 신이 목욕을 하는 장면은 어린이다운 상상력과 재미로 아이들의 감성을 자극할 것이다.

물고기랑 친구하자

활동 목표 | 1.민물고기에 대해 친밀감과 관심을 갖는다.

2.민물고기의 특징과 이름을 알 수 있다.

관련 교과 | 과학 5학년 2학기 1.환경과 생물, 9.작은 생물, 6학년 1학기 5.주변의 생물

준 비 물 | 아이들: 족대나 어항(통발 형태), 수조(또는 대야), 투명하고 입구가 큰 유리병,

돋보기나 루페, 활동지와 연필, 클립 보드, 뜰채 등

교사: 민물고기 도감, 구급상자

🌼 선생님과 함께하는 모의수업 ▬ ▬ ▬ ▬ ▬ ▬ ▬ ▬

여름, 물놀이하러 계곡이나 강으로 가 보았나요? 수영장에는 사람만 있지만 계곡이나 강에서는 동식물이 함께 놀 수 있어요. 물속에서 살아가는 민물고기와 사귀어 보지 않을래요?

➕ 물고기 채집하여 관찰하기

1 활동 장소를 전체적으로 바라보고 물고기가 살 만한 장소를 눈여겨본다.

▶ 물 흐름이 빠른 곳

▶ 물 흐름이 느리고 주변에 풀이 우거진 곳

▶ 바닥이 모래인 곳

▶ 돌 밑이나 틈

2 다치지 않게 조심하며 물고기를 채집하여 수조에 넣는다.

3 잡은 물고기를 한 마리씩 유리병에 넣고 자세히 관찰하여 채집 기록장 92쪽에 기록한다.

4 관찰한 물고기 가운데서 가장 마음에 드는 물고기를 특징이 나타나게 그린다.

5 민물고기의 특징과 사는 곳의 관계를 생각해 본다.

6 민물고기의 특성에 맞는 이름을 지어 주고 그 까닭을 이야기해 본다.

7 도감을 통해 민물고기의 진짜 이름을 알아본다.

8 관찰을 마치면 물고기를 놓아준다.

> 친구니까 다정하게 인사 하는 것도 잊지 말자.

✚민물고기 채집 도구와 사용법

어항 놓기

1 떡밥을 물에 개어서 어항에 붙인다.

2 물 흐름이 완만한 곳이나 수초가 우거진 곳에 떠내려가지 않게 설치한다.

3 설치한 장소를 잊지 않도록 표시를 해 두고 장소의 특징을 기록해 둔다.

4 2~3시간 동안 그대로 두었다가 건진다.

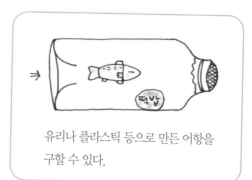

유리나 플라스틱 등으로 만든 어항을 구할 수 있다.

수조 관찰 방법

1 수조 또는 대야에 물을 적당히 넣고 잡은 물고기를 모은다.

2 민물고기는 물 밖으로 뛰어오르기도 하므로 뚜껑을 덮거나 풀줄기를 꺾어 덮어 두어야 한다.

3 가끔 물을 갈아 주어 물속에 산소가 부족하지 않게 한다. (휴대용 기포 발생기를 장치할 수도 있다.)

작은 유리병에 넣고 관찰한다.

🌸 교사일기

물속에서는 다치기 쉽다. 최대한 어른들의 도움을 받으며 활동하도록 한다. 반드시 활동할 장소를 사전에 답사해야 한다. (교사가 알지 못하는 곳에서 아이들과 활동하는 것은 대단히 위험한 일이다.) 위험 요소가 무엇인지, 미리 준비해야 할 것은 무엇인지 살펴 두어야 한다. 가능하다면 그 강에서 어린 시절에 놀아 본 적이 있는 어른을 도우미로 모시고 옛이야기를 들으면서 활동하는 것도 좋다.

냇가 쓰레기 모아 생각 나타내기

활동 목표 | 1.냇가에 버려진 쓰레기를 모아 하천을 깨끗이 할 수 있다.

2.모인 쓰레기들로 창의적인 생각을 꾸밀 수 있다.

관련 교과 | 국어 5학년 1학기 4.숨어 있는 의미, 실과 5학년 깨끗한 생활환경

준 비 물 | 목장갑, 집게, 규격 쓰레기봉투

 ## 선생님과 함께하는 모의수업 ▪ ▪ ▪ ▪ ▪ ▪ ▪ ▪

냇가에 버려진 쓰레기가 참 많지요? 이런 쓰레기가 창작 재료가 될 수도 있어요. 모래밭이나 자갈밭에 나타낼 수도 있고, 놀잇감을 만들 수도 있답니다.

1 모둠별로 냇가를 청소하며 쓰레기를 모은다.

2 넓은 곳에 모둠별로 자리를 잡고 모아 온 쓰레기를 살펴본다.

3 쓰레기로 무엇을 표현할 것인지 친구들과 의논하여 나타낸다.

4 자기 모둠이 생각한 것을 잘 표현했는지 평가한다.

5 다른 모둠의 작품을 살펴보고 서로 평가한다.

6 쓰레기를 다시 모아 재활용품을 분리하여 처리한다.

즐겁게 놀고 공부한 이곳에 다시 오고 싶어요?

다음 번엔 무엇을 하고 싶니?

성을 쌓고 싶어요. 몸을 꾸며 봐도 재미있을 거 같아요.

스스로 하는 체험학습

지역의 상황에 따라 구할 수 있는 재료를 가지고 나타냅니다. 물가에서 흔히 볼 수 있는 재료를 이용해 봐요.

✚ 돌멩이로 꾸며 봐요.

1 크고 작은 돌멩이를 모은다.

2 바닥에다 무엇을 표현할지 생각해 본다. (달팽이, 토끼, 나무 등)

3 친구들이 무엇을 표현했는지 맞춰 본다.

✚ 옛날 사람들은 어떻게 살았을까요?

준비물 | 3m 길이의 청색천, 강가 자연물

1 옛날 사람들은 강에서 어떻게 살았을지 상상해 본다.

2 모둠별로 어떻게 표현할 것인지 상의한다.

3 넓은 바닥에 청색천(강)을 펼친다.

4 모래, 자갈, 갈대나 억새, 주변에서 발견되는 것을 이용하여 표현한다.

5 모둠별로 무엇을 표현한 것인지 발표한다.

강가에 살면 생활에 필요한 물을 구하기 편리했겠지? 그래서 큰 강가에는 고대 문명이 발달했단다.

강에 살면서 물고기도 잡아 먹고 갈대로 집도 지었대요!

민물고기 채집 기록장 ⋊

모듬		이름		년 월 일

1.) 내가 지어 준 이름 :

도감에서 찾은 이름 :

그림

채집 장소

채집 도구

특징

2.) 지어 준 이름 :

도감에서 찾은 이름 :

그림

채집 장소

채집 도구

특징

✚ 민물고기 친구들에게 하고 싶은 이야기를 적어 볼까요?

생명이 꿈틀대는 여름 논에서

농사를 짓는다는 것은 생명을 먹여 살리는 귀한 일이다. 먹는 것이 곧 내 마음과 몸을 만드는 것, 자연을 거스르지 않는 것이 친환경이고 사람과 자연을 살리는 길이다. 논은 온갖 풀이 자라고 메뚜기, 거미, 잠자리, 무당벌레 등 생명의 보금자리이다. 사람만을 위한 공간이 아닌 논에서 사람과 자연이 함께 살아가는 길을 생각해 보자.

안녕? 난 논배미야

활동 목표 | 1.논의 모습을 관찰하고 어떻게 이용되는지 알 수 있다.

2.논의 가치를 생각하며 소중히 여기는 마음가짐을 가진다.

관련 교과 | 사회 3학년 1학기 2.우리 고장 사람들의 생활 모습

 ## 선생님과 함께하는 모의수업 ▬ ▬ ▬ ▬ ▬ ▬

논배미라는 말을 들어 봤나요? 논두렁으로 둘러싸인 논 하나를 배미라고 해요. 둥그배미, 장화배미. 이렇게 논에도 이름이 있어요. 논은 지구환경을 지켜 주기도 해요. 큰비가 내리면 비를 다 받아 주고 물을 가두어 두니까 홍수와 가뭄의 피해를 줄여 준답니다.

＋논두렁길 걷기

1약간 높은 곳에 서서 논의 전체적인 모습과 논이 어떻게 이용되고 있는지 살펴본다.

2논두렁을 조심조심, 약간의 간격을 두고 걸어 본다.

3물이 흐르는 길인 도랑이나 웅덩이를 찾아본다.(논에 물이 어떻게 들어가는지 살펴본다.)

4논에 심긴 벼의 모습과 벼의 생김새를 자세히 관찰한다.

5농부들은 벼가 잘 자라게 하기 위해 어떤 노력을 하고 있는지 알아본다.

둥근 모양의 논은 둥그배미, 장화 모양은 장화배미. 이렇게 논에도 이름을 붙인 이유가 뭘까?

논이 중요해서요. 가족 같아서요.

스스로 하는 체험학습 ━ ▪ ▪ ▪ ▪ ▪ ▪ ▪ ▪

✛ 있다, 없다 놀이

1 둥그렇게 둘러서고 각자 발아래에 돌멩이를 놓아 자신의 위치를 표시한다.

2 술래는 아이들이 만든 원 안으로 들어가 논이나 밭의 전체적인 모습, 논과 밭에서 해보았던 경험, 알고 있는 사실 등에 대해 '~해 본 적이 있다, ~가 없다'로 문제를 낸다.

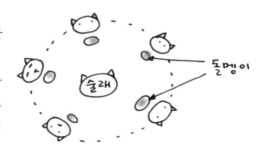

3 다른 사람들은 술래의 문제를 듣고 '있다'에 해당되는 사람들끼리 서로 자리를 바꾸는데, 이때 술래도 빈자리에 찾아가 선다.

4 자리를 찾아가지 못한 사람이 다시 술래가 되어 원 가운데에서 문제를 낸다.

 논에서 메뚜기를 본 적이 있어요.

나도 본 적 있어. 나도!

 물꼬란? 논에 물을 담거나 빼려고 논두렁에 낸 물길이지.

 알아 두면 좋아요

산과 강으로 연결된 논의 지형을 바라보면 자연 경관의 연속적인 모습을 이해할 수 있다. 인간이 이용하는 공간인 논과 밭이 오염될 때 산과 강에 어떤 환경적인 부담을 주는지도 연결지어 생각해 보도록 한다.

🌿 쉿, 주의!

1. 농작물에 피해를 주지 않도록 한다.
2. 논둑길을 걸을 때 장난치지 않고 조심해서 다닌다.

생명의 터전, 논은 살아 있다

활동 목표 | 1.논 주변에 사는 다양한 생물을 찾아 관찰할 수 있다.

2.건강한 먹을거리를 생산하기 위한 농사 방법이 무엇인지 알 수 있다.

관련 교과 | 과학 3학년 1학기 6.물에 사는 생물

준 비 물 | 뜰채, 페트병, 지퍼백, 돋보기, 사진기, 손수건

 선생님과 함께하는 모의수업 ▬ ▬ ▬ ▬ ▬ ▬ ▬

논 옆 웅덩이엔 붕어마름, 억새, 부들 같은 수생식물이 자라요. 논에 다양한 생물이 살 수 있는 이유는 뭘까요? 물 위에 떠 있는 곤충은 누굴까요? 소금쟁이, 물방개, 장구애비……. 소금쟁이는 어떻게 물 위를 걸을까요?

✚논에는 누가 살지?

1논이나 근처 웅덩이에서 물 위에 떠 있는 식물에 대해 알아본다.

2벼와 함께 살아가는 다른 수생식물에는 무엇이 있는지 찾아본다.

3뜰채로 물을 떠서 걸러진 생물에는 어떤 것이 있나 살펴본다.

4백로처럼 논을 즐겨 찾는 새가 있는지 찾아본다.

5친환경 농사를 짓고 있는 논과 그렇지 않은 논을 비교한다.

*논의 생물은 물풀 아래에 사는 경우가 많으므로 그늘진 곳에서 관찰한다.

개구리밥이 보이나요?

관찰한 생물은 가능하면 빨리 원래 자리에 놓아 주자.

벼만 살 수 있는 논에서 자라는 벼와 모든 생물이 어우러져 사는 논에서 자라는 벼 중 건강한 벼는 어느 것일까?

우렁이도 있어요.

뜸북뜸북 뜸북새 논에서 울고~ 너희들 뜸북새 노래 들어 봤니? 벼가 어느 정도 자랐을 때 논에는 머리 위에 빨간 벼슬을 달고 몸은 검은색인 새가 사는데 모습은 좀처럼 보여 주질 않지만 뜸 뜸 뜸북…… 소리를 내곤 하지. 어린 싹이나 물풀, 달팽이, 곤충을 먹고 살아. 지금은 예전처럼 흔히 볼 수 있는 새가 아니란다. 왜 볼 수 없게 되었을까?

알아 두면 좋아요

논에서 자라는 식물 중에 벼와 비슷하게 생긴 '피'라는 식물이 있어요. 농부들은 이 식물을 싫어해요. 벼가 먹고 자라야 할 땅의 영양분을 모두 빼앗아 먹으니까요. 옛날에는 시도 때도 없이 올라오는 피를 일일이 손으로 뽑아 주었어요. 요즘은 제초제를 뿌려 다른 풀이 자라나지 못하도록 하는데, 제초제가 다른 생물을 죽일 수 있어 조심해야 해요.

건강한 먹을거리를 가꿔요

활동 목표 | 1.모 심는 방법을 익혀 직접 모를 심을 수 있다.

2.벼의 한살이에 대한 관찰일지를 만들 수 있다.

관련 교과 | 과학 5학년 2학기 1.환경과 생물

준 비 물 | 큰 항아리 뚜껑이나 나무 상자, 모내기용 벼, 배합토(퇴비와 섞은 흙)

🌸 선생님과 함께하는 모의수업 ━ ━ ━ ━ ━ ━ ━ ━

식물은 무슨 힘으로 살아갈까요? 식물이 뿌리를 내리고 영양을 빨아들이는 흙이 살아 있어야 식물도 건강하게 자랄 수 있어요.

✚ 내 손으로 모심기

1 주변에서 물이 새지 않는 작은 항아리나 쓰지 않는 큰 그릇을 준비한다.

2 항아리에 배합토를 넉넉히 깔고 물을 넣어 흙탕 반죽을 만든다.

3 흙탕으로 반죽된 항아리에 논에서 가져온 모를 4~6포기로 나누어 손끝에 쥐고 적당한 간격을 두어서 깊숙이 꽂아 심는다.(벼가 자랐을 경우를 생각해 너무 촘촘히 심지 않도록 한다.)

4 논에서 가져온 흙이나 물을 함께 넣은 후 햇빛이 잘 드는 곳에 두고 물이 마르지 않도록 관리하며 벼의 자람을 관찰한다.

5 주식으로 이용되는 농작물은 어떠한 종류가 있는지 더 알아본다.

✚ 식물은 무슨 힘으로 살아갈까?

식물은 흙이 건강해야
건강하게 자랄 수 있단다.
그런데 화학비료는 질소나 인
같은 영양분만 공급해서 식물이 편식을
하는 셈이 되지. 게다가 제초제는 흙을
건강하게 하는 작은 미생물마저
사라지게 한단다.

화학비료 대신
거름을 사용하기도
하고, 논에 우렁이나 오리를
넣어 제초 효과를 보기도 하지.
농약을 쓰지 않고 농사를 잘 지을
수 있는 방법을 찾고 있단다.

다른
방법은
없나요?

🌿 알아 두면 좋아요

1. 모심기를 위한 모는 직접 논으로 가서 남겨 둔 모를 구해 본다.
2. 한국여성농업인중앙연합회(www.waff.or.kr), 농업기술원터 등에서 도움을 받을 수 있어요.

🌿 교사일기

학급에 모둠 관찰일지를 두어 벼가 자라는 과정과 모습을 정리하도록 한다. 학교 주변에 주말농장을 이용할 수 있는지 알아보고 우리 학급의 주말농장을 운영해 보면 아이들과 제대로 친환경 농사를 체험해 볼 수 있다. 텃밭 가꾸기와 모심기 활동은 계절 변화와 생명의 순환을 배울 수 있으며, 함께 일하는 과정에서 협동심을 기를 수도 있다.

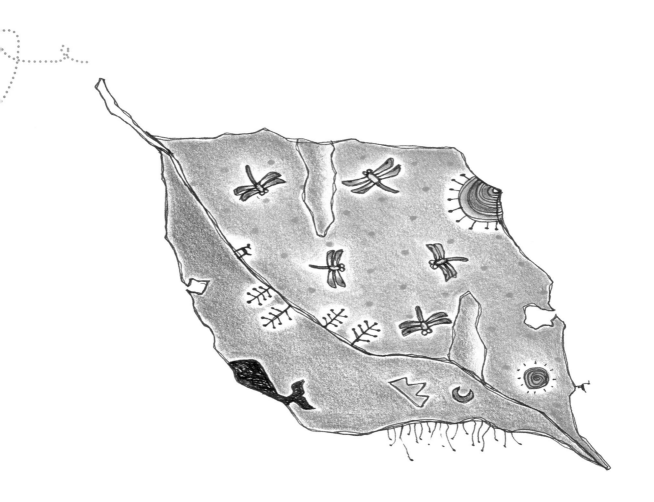

내가 살고 싶은 마을

공기가 맑고, 물이 깨끗하고, 나무가 울창하며 새소리가 들리는 마을이 좋다. 아이들이 자연을 사랑하는 마음을 갖고 자랄 수 있다. 우리 마을 곳곳을 둘러보며 개선해야 할 환경문제는 어떤 것이 있고 좀더 살기 좋은 곳으로 만들려면 무엇을 할 수 있는지 찾아보자.

우리 마을 이야기

학습 목표 | 우리 마을의 옛 모습을 조사하고 어떻게 변화했는지 알 수 있다.
관련 교과 | 슬기로운 생활 2학년 2학기 1.우리 마을, 사회 2학년 3.살기 좋은 우리 고장
준 비 물 | 옛날 지도와 지금의 지도, 옛날과 오늘날의 모습 사진

 ## 선생님과 함께하는 모의수업

산이나 높은 곳에서 마을을 내려다본 적이 있나요? 여러 갈래로 갈라진 길, 빽빽한 건물들, 지나가는 사람들……. 아주 복잡하죠? 혹시 동네 어르신들이 하시는 이야기를 들어 보았나요? 우리 마을의 이름은 어떻게 지어진 걸까요?

✛옛날과 오늘날의 마을 비교하기
1 옛날 모습과 오늘날의 모습이 담긴 사진을 보고 특징을 찾아본다.
2 두 사진에서 달라진 점을 살펴보고 장단점을 비교한다.
3 옛날 마을의 모습을 기억하고 이야기해 주실 수 있는 분을 찾아 인터뷰하자.

우리 마을에는 어떤 전설이나 옛날이야기가 있을까?

우리 마을의 이름은 어떻게 지어진 걸까?

지금처럼 큰 건물이 없던 예전에는 어떠했을까?

우리 할아버지는 학교까지 한 시간씩 걸어 다녔대요.

106

4 옛날의 자연 모습이 오늘날 어떤 인공적인 모습으로 바뀌었는지 알아본다.
5 사람들의 생활에서 달라진 점을 알아본다.

청계천에서 물놀이하는 아이들(1965년)

ⓒ서울역사박물관

청계천 복원공사 후 모습

🌺 스스로 하는 체험학습 ▰▰▰ ▰▰▰ ▰▰▰ ▰▰▰

1 우리 동네 뒷산에 올라가 우리 마을의 모습을 사진으로 찍어 둔다.
2 앞으로 어떤 마을로 변할지 상상해 보자.

살아 숨 쉬는 도시란? 무공해 에너지를 사용하는 곳이지.

숲이 우거지고 깨끗한 곳, 교통 계획과 인구 계획이 조화로운 곳이지요.

🌿 교사일기

쾌적한 환경이란 단순하게 깨끗한 환경만 뜻하는 게 아니라 인간과 자연이 서로 어울려 살아갈 수 있는 환경이다. 아이들 저마다의 삶 터를 학습 요소로 끌어들여 '내 주변'과 '나' 가 동떨어진 것이 아니라 자연은 바로 우리를 품어 기르는 세계이며 우리는 자연의 작은 일부분이라는 인식을 일깨워 주자. 건강한 자연환경이 왜 중요한지, 우리는 왜 그것을 위해 노력해야 하는지, 보고 들으며 자연스럽게 느낄 수 있도록 유도하자.

우리 마을 탐험하기

학습 목표 | 우리 마을을 둘러보며 환경 상태를 조사하고 평가할 수 있다.
관련 교과 | 사회 3학년 1학기 1.우리 고장의 모습
준 비 물 | 마을 지도, 우리 마을 환경 평가표, 디지털 카메라, 녹음기

🌸 선생님과 함께하는 모의수업 ▬ ▬ ▬ ▬ ▬ ▬ ▬

우리가 살고 있는 마을에는 작은 하천도 있고 마을 사람이 자주 가는 공원도 있어요. 마을 길을 따라가며 자연환경이 오염된 곳을 찾아볼까요? 자주 다니던 길이 새로울 거예요.

✚ 마을 생태지도 만들기

1 교실에서 미리 마을 지도를 보며 모둠별로 조사할 지역을 나눈다.

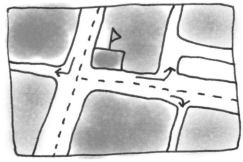

2 탐방 방향과 순서를 지도에 점선으로 표시한다.

3 출발!

교통신호 지키기
단체 행동!

4 자연환경이 아름다운 곳과 오염이 심한 곳을 관찰하여 지도에 표시한다.
5 우리 마을 환경 평가표112쪽에 답해 본다.

아는 지명을 지도에 미리 적어 봐요.

박새가 찾아오는 느티나무도 표시할래요.

✚환경 기호 만들기

일기도는 날씨 정보를 기호나 숫자를 사용하여 나타내 한눈에 날씨 정보를 알아볼 수 있지. 마을 환경지도를 만들 때도 우리 마을의 환경문제를 한눈에 알아볼 수 있는 기호나 숫자를 먼저 만들어 보면 어떨까?

1 각자 살펴본 우리 마을 환경의 문제점과 쾌적한 환경 요소를 이야기한다.(자동차 매연, 악취, 쓰레기, 소음, 공원, 자전거 길, 관찰한 나무, 꽃, 곤충, 새 등)

2 자연 요소와 인공 요소를 나누어서 구상해 본다.

3 모둠별로 내용을 나누어 간단한 기호의 밑그림을 그려 본다.

4 모둠원들과 상의하여 정해진 기호를 도화지에 그리고 색칠한다.

🌷 스스로 하는 체험학습 ■ ■ ■ ■

1 탐험가가 되어 우리 마을 환경 생태를 진단해 본다.

2 환경적인 측면에서 살펴본다. 곤충, 나무, 꽃, 버려진 쓰레기, 시끄러운 곳, 매연이 심한 곳 등 구석구석 관찰한다.

3 평소에 보이지 않던 것도 눈여겨본다.

4 사진으로 찍어 두면 좋다.

🌿 교사일기

아이들의 거주지를 감안하여 모둠을 구성하는 것이 좋다. 일상적으로 접하는 학교와 마을의 환경을 활용한 체험활동은 이동에 따른 시간과 경비 문제를 해결할 수 있고 자신이 사는 지역의 환경에 관심과 애착을 가질 수 있다. 환경문제는 개인, 가정, 마을 단위에서의 의지와 실천에 해결의 실마리가 있다.

환경지도를 만들어 보자

학습 목표 | 우리 마을에서 관찰한 환경문제를 그림, 문자, 기호를 이용하여 지도로 나타내고 살고
싶은 마을의 모습을 위해 할 수 있는 일을 토의할 수 있다.

관련 교과 | 슬기로운 생활 2학년 2학기 1.우리 마을, 미술 5학년 11.우리 마을, 과학 6학년 2학기
3.쾌적한 환경

준 비 물 | 마을 지도, 전지, 50cm 자, 도화지, 풀, 사인펜, 색연필

 선생님과 함께하는 모의수업 ■ ■ ■ ◀ ◀ ◀ ◀ ◀

자동차보다 자전거 타는 사람이 더 많은 거리, 소음은 없고 산보하는 이웃끼리 나누는 정
겨운 이야기와 아이들의 웃음소리가 울려 퍼지는 공원이 있어요. 여러분이 꿈꾸는 마을
은 어떤가요? 살고 싶은 마을을 만들기 위해 무엇을 할 수 있을까요?

우리가 본 것을 이야기해
보자. 어떤 것이 좋았니?

떨어진 낙엽을 밟으니까
폭신폭신해요.

우리 마을 환경을 해치는 것은 어떤
것일까?

도로를 지나는데, 트럭에서 나오는
매연에 숨이 막혀요.

우리 마을에서 가장 멋지다고 생각하는
것은 무엇이니?

✚ 마을 환경지도 그리기

1 전지에 마을 조감도를 그린다. (교사 준비)

2 방위, 길, 건물 위치 정도만 간단히 표시한다.

2 모둠별로 조사한 것을 지도에 적는다.

3 내용에 맞는 환경 기호를 찾아 붙인다.

4 완성된 지도를 펼쳐 놓고 조사 결과를 발표한다. 이때 문제점, 아쉬웠던 점을 발표한다.

5 쾌적한 마을을 만들기 위해 해야 할 일에 대해 토의한다.

보다 쾌적한 마을을 만들려면 어떻게 해야 할까?

느티나무가 더 많으면 좋겠어요.

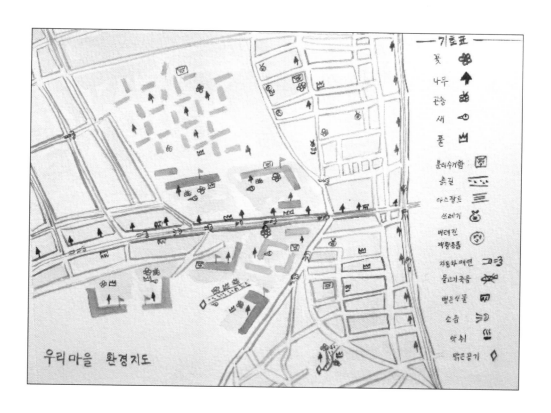

우리마을 환경지도

111

✚ 우리 마을 환경 평가표

번호	질 문	예	아니오
1	우리 마을의 거리는 깨끗한가?		
2	우리 마을의 하천은 깨끗한가?		
3	주택, 건물에 쓰레기를 쌓아 둔 곳은 없는가?		
4	우리 마을은 조용한가?		
5	좋지 않은 냄새가 나는 곳은 없는가?		
6	건물의 높이로 햇빛이 가리는 곳은 없는가?		
7	공사하느라 땅을 파헤친 곳은 없는가?		
8	야생동물이 살고 있는가?		
9	우리 마을에는 나무와 꽃이 많이 심어져 있는가?		

우리 집 앞 보도블록은 항상 공사 중이야.

그래도 화단에 예쁜 쑥부쟁이가 많이 피어 있잖아.

예의 개수	평가
7개 이상	아주 살기 좋은 동네예요.
4~6개	살만 하네요.
3개 이하	쾌적하지 않은 동네예요.

✚ 내가 살고 싶은 마을을 그려 보아요.

울긋불긋 가을 숲에서

꽃이 피고 지고 푸르렀던 숲이 계절이 변화해 형형색색의 옷으로 갈아
입는다. 가을 숲에서 봄과 여름을 지내며 잘 영글어진 열매를 찾아 관찰
해 보자. 다가오는 겨울을 준비하는 숲 속 동식물을 만나 보자. 가을 숲
에서 하루 동안 뒹굴며 논 자유로움과 짙은 낙엽 냄새는 아이들의 기억
속에 깊이 자리 잡는다.

숲 속 놀이터

활동 목표 | 자연놀이를 하며 즐겁게 숲 생태계에 대해 이해할 수 있다.

관련 교과 | 음악 4학년 가을길, 국어 4학년 2학기 4.넓은 세상 많은 이야기, 도덕 6학년 소중한 생명

준 비 물 | 주변 약도, 사인펜, 도토리(없는 경우 오징어 볼 과자)

 ## 선생님과 함께하는 모의수업 ▬ ▬ ▬ ▬ ▬ ▬

획! 바람이 불면 나뭇잎이 떨어져요. 수북이 쌓여 있는 낙엽이 보이죠? 쉿! 바스락거리는 소리가 들리죠? 누굴까요? 도토리를 물고 있는 다람쥐네요. 다람쥐가 되어 도토리를 숨겨 보고 또 도토리를 찾아볼까요?

나도 다람쥐처럼 도토리묵 좋아해요!

도토리묵엔 간장 양념이 중요하지.

그런데 우리가 다 먹어 버리면 다람쥐들은 추운 겨울에 뭘 먹고 지낼까?

다람쥐는 자기가 숨겨 놓은 도토리를 못 찾기도 한대. 그럼 그 도토리는 어떻게 될까?

✚ 다람쥐 보물찾기

1 「가을소풍」 노래 부르기(2학년 즐거운 생활)

2 두 모둠(도토리 모둠, 솔방울 모둠)으로 나눈다.

3 숨기는 모둠에게 한 사람당 도토리 세 알씩 나누어 준다.

④약도에 표시를 하며 정해진 시간(3분) 동안 도토리를 숨긴다.

⑤찾는 모둠이 약도를 보고, 정해진 시간 동안 (5분) 도토리를 찾는다. 숨기거나 찾을 때, 시간을 너무 많이 주면 찾기 어렵거나 다 찾아 버리므로 정해진 시간 동안 숨기고 찾도록 한다.

⑥다람쥐의 겨울 준비에 대한 생각 나누기 등 활동 소감을 나눈다.

✚ 열매 던지기

①잘 여문 도꼬마리 열매를 한 주먹 딴다.

　(도꼬마리 열매가 주변에 없으면 솔방울 던지기 놀이로 대체한다.)

②편을 나누고 도꼬마리 열매를 상대방 옷에 붙인다.

　(던져서 붙이거나 상대편이 눈치채지 못하게 몰래 붙인다.)

③이 활동은 열매의 퍼짐을 도와주는 친환경적 활동임을 알게 한다.

 교사일기

1. 아이들이 자연을 잘 받아들이려 하지 않는 경우가 있는데 놀이를 통해 마음의 긴장을 풀어 '나도 해볼까' 하는 생각이 들게 한다.

2. 처음부터 구체적인 생물학 내용으로 접근하면 흥미를 잃기 쉽다.

씨앗 관찰하기

활동 목표 | 1. 씨앗의 특징을 관찰하고 기준을 세워 분류할 수 있다.

2. 씨앗의 이동 방법을 알 수 있다.

관련 교과 | 슬기로운 생활 2학년 2학기 3.주렁주렁 가을 동산, 과학 5학년 2학기 3.열매

준 비 물 | 씨앗을 넣을 상자, 돋보기, 식물도감(열매도감)

 ## 선생님과 함께하는 모의수업 ▬ ▬ ▬ ▬ ▬ ▬ ▬

가능한 멀리 퍼뜨려야 자기들끼리의 경쟁을 줄이고 살 수가 있지요. 씨앗이 퍼지는 방법
은 식물마다 다르겠죠?

아무리 큰
나무도 처음에는
여린 떡잎, 한
알의 씨앗에서
시작되었단다.

씨앗이
퍼지는 방법은 참 다양해.
봉선화처럼 점프하듯이 멀리
튀어 나가기도 하고, 도꼬마리처럼
사람이나 짐승에게 붙어서 멀리
가기도 한단다.

그래, 어떤 열매는 아주
맛있어서 새들이 좋아해.
그러나 딱딱한 씨를 소화시키지
못하는 새는 멀리 날아가서 똥을
누겠지? 그 똥 속에서 싹이
나오는 거야.

민들레 씨는
가벼워서
바람에 아주
멀리까지
날아가요.

✚씨앗 모으기

1 모둠별로 30분 정도 씨앗이나 열매를 찾아서 모은다.

2 모둠별로 모은 것을 보여 주고 어떤 방법으로 채취했는지 이야기한다.

3 기준을 세워 분류한다.(크기, 모양, 색깔, 사람이 먹을 수 있는 것과 못 먹는 것 등)

4 씨앗들의 전파 방법을 토의한다.(바람에 날려 퍼지는 씨, 깍지가 터지는 씨, 몸에 붙어 퍼지는 씨, 새들의 먹이로 퍼지는 씨)

5 내년에 이 씨앗이 어떻게 변할지 이야기해 본다.

 # 스스로 하는 체험학습 ▬ ▬ ▬ ▬ ▬ ▬ ▬ ▬ ▬ ▬ ▬

✚보물 상자 만들기

마당에 심어 두었던 꽃이나 채소의 씨를 받아 보물 상자를 만들어 보아요.

🌿 쉿, 주의!

1. 다양한 종류의 씨앗을 모으고, 한 가지 열매를 많이 채집하지 않는다.
2. 활동이 끝난 후에는 씨앗을 제자리에 놓아둔다.
3. 분류 기준을 세울 때 아이들 나름대로의 기준을 허용하고 인정해 준다.
4. 씨앗의 가치, 숲의 가치를 알게 하여 생물자원 개념을 인식하게 한다.
5. 아무 열매나 먹어서는 안 된다는 것을 알려 준다.

식물 흔적 뜨기

활동 목표 | 1.자연의 아름다움과 변화를 이해할 수 있다.

　　　　　 2.자연물을 재료로 이용하여 다양하게 표현할 수 있다.

관련 교과 | 미술 3학년 자연의 아름다움, 국어 4학년 2학기 4.넓은 세상 많은 이야기

준 비 물 | 찰흙, 석고, 물, 석고 개는 그릇, 석고 붓는 컵, 식물 흔적(잎, 열매, 씨앗, 줄기 등),

　　　　　 석고 틀, 짧은 끈, 우드락, 목공용 접착제, 나뭇가지(액자 받침용)

🌸 선생님과 함께하는 모의수업 ▬ ▬ ▬ ▬ ▬ ▬ ▬

참나무 열매 속에는 숲이 있어요. 여름의 햇살과 스치는 바람, 가지에 앉아 있던 새와 곤충의 노랫소리가 있어요. 가을에 만난 생명과 시간의 흔적을 담아 볼까요? 자연을 소중히 여기고 아름답게 가꾸려는 마음도 간직할 수 있지요.

✚ 흔적 뜨기

1 찰흙을 원형으로 넓적하게 만든다.

2 잎, 열매 등 식물 흔적 재료를 흙 위에 살짝 눌러 찍는다.

3 눌러 찍은 것을 조심스럽게 떼어 낸다.

4 물에 갠 석고(석고와 물은 3:2)를 컵을 사용해서 위에 붓고 고리를 얹는다.

5 20~30분 후에 흙을 떼어 낸다.(석고 파손 주의)

6 마른 후에 색을 칠해도 예쁘다.

7 서로의 작품을 감상한다.

> 석고는 금세 굳으니까 틀이 모두 완성된 후에 한꺼번에 부어요.

출처: 환경과 생명을 지키는 경남교사모임

스스로 하는 체험학습 ▪ ▪ ▪ ▪ ▪ ▪ ▪ ▪ ▪ ▪ ▪

✚ 자연물로 꾸미기

숲에서 얻을 수 있는 나뭇잎, 가지, 열매 등 자연
물을 이용하여 평면 구성을 해보자.

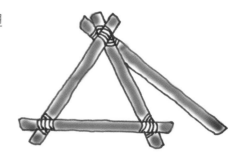

1 꾸밀 재료 모으기

2 꾸밀 작품 구상하기

3 목공용 접착제로 붙이기

4 만든 작품으로 학교나 집 안 꾸미기

*함부로 나무를 꺾거나 열매를 많이 채취하지 않도록 한다.

주렁주렁 가을 들녘에서

누렇게 넘실거리는 벼 이삭 사이로 투두둑투두둑 튀어 오르느라 정신없는 메뚜기와 파아란 하늘을 덮어 버린 잠자리를 보러 가자. 우리가 가꾼 텃밭에도 주렁주렁 열매가 달리고 알알이 곡식이 여물었다. 오곡백과 거두느라 바쁜 농부의 부지런한 손놀림을 따라 마음까지 넉넉해지는 가을 속으로 들어가 보자.

가을걷이의 기쁨

활동 목표 | 1.수확할 때 사용하는 농기구의 생김새와 쓰임을 알 수 있다.

          2.농작물을 수확하며 결실의 즐거움과 농부들에 대해 감사한 마음을 가진다.

관련 교과 | 사회 3학년 1학기 2.고장 사람들이 하는 일, 도덕 3학년 2학기 3.자연은 내 친구

준 비 물 | 낫이나 벼훑이, 키 등 농기구의 실물이나 사진

 선생님과 함께하는 모의수업 ▬ ▬ ▬ ▬ ▬ ▬

씨앗이 싹을 틔우려면 하늘에서 비가 내려야 하고, 뿌리를 내릴 흙이 있어야 하고, 싹 튼 잎에는 햇빛이 필요해요. 꽃이 피면 나비나 벌의 도움도 받지요. 씨앗은 이렇게 많은 이의 손길이 만들어 낸 생명의 약속이란다.

✚ 벼 수확하기

1 벼 한 포기에 몇 개의 낟알이 붙어 있나 세어 본다.

2 볏단 아래를 손으로 쥐고 낫 등으로 조심해서 벤다.

3 일주일 정도 말린다.

4 낟알을 털어 내고 절구에 넣고 찧어 껍질을 벗겨 낸다.

5 키질을 통해 낟알만 골라낸다.

6 평소에 먹는 쌀과 비교하며 친구들과 느낌을 나눈다.

교정에서도 할 수 있어요.

벼의 겨를 벗겨 내면 우리가 매일 먹는 밥을 짓는 쌀이 나온단다. 볏짚은 벼의 줄기 부분으로 가축의 먹이로 쓰이거나 가마니를 만들기도 하고 초가집 지붕을 얹을 때 쓰이지. 또 벼의 껍질인 왕겨는 훌륭한 퇴비나 연료로 사용되고. 이렇게 벼는 버릴 게 하나도 없어.

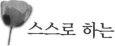 스스로 하는 체험학습 ▪ ▪ ▪ ▪ ▪ ▪ ▪ ▪ ▪ ▪ ▪

➕ 고구마 수확하기

1 호미로 고구마 줄기를 먼저 걷어 내고 고구마 주위의 땅을 판 뒤 고구마가 보이기 시작
하면 그 주위를 조금 깊게 파서 손으로 흔들면서 뽑는다.

2 가장 특이하게 생긴 고구마를 찾아 고구마 경연 대회를 열어 본다.

➕ 콩 수확하기

1 콩을 줄기째 미리 베어 두었다가 햇볕에 잘 말린 다음 도리깨 등으로 타작하여 콩알만
털어 낸다.

2 수확이 끝나면 낟알이 붙어 있는 볏단, 들쥐나 굼벵이가 파먹은 고구마 몇 개, 또는 벌
레가 먹은 콩 몇 알을 골라 참새나 들쥐 같은 야생동물이 먹을 수 있도록 남겨 둔다.

옛날 우리 조상들은
콩을 심을 때 세 알을
심었대. 감을 딸 때도 감나무
끝에 매달린 몇 개는 남겨
두었어. 콩 세 알 중 한 알은 새가
먹고, 또 한 알은 땅 벌레가 먹고,
나머지 한 알이 열매가 맺으면
우리가 먹으려고 했던 거야.

나뭇가지에
달린 감은
까치 먹으라고
남겨 둔 거죠?

고마워~

콩 심은 데 콩 나고

활동 목표 | 1.생물 자원으로서 씨앗의 소중함을 알 수 있다.

2.우리 농산물이나 유전자 조작 농산물에 관심을 가지고 구별할 수 있다.

관련 교과 | 과학 4학년 1학기 4.강낭콩

준 비 물 | 농작물 씨앗, 봉지

 선생님과 함께하는 모의수업 ▬ ▬ ▬ ▬ ▬ ▬ ▬

"종자가 농사의 절반이다." "굶어 죽어도 씨앗은 베고 죽는다." 하는 말은 무슨 뜻일까요? 우리 조상들은 씨앗을 목숨보다 더 아끼고, 잘 보관하였어요. 씨앗은 생명이고, 내일을 위한 대비였기 때문이지요. 좋은 씨앗을 구하는 것이 한 해 농사에 가장 중요했어요.

✚ 종자 씨앗 고르기

1 조상들이 씨앗을 왜 중요하게 여겼는지 생각해 본다.

2 모둠별로 콩 한 그루를 골라 꼬투리가 몇 개인지 세어 본다.

3 꼬투리 하나에 든 콩알을 세어 콩 한 그루 전체의 콩 개수를 알아본다.

4 모둠별로 세어 본 콩의 개수를 비교해 보고 차이가 있다면 무엇 때문인지 생각해 본다.

내가 농부라면 종자로 쓰일 씨앗을 어떻게 고르겠는지 이야기해 본다.

> 어떻게 같은 콩인데도
> 맺히는 콩알 개수가 다를까?
> 밭 거름의 상태나 땅의 깊이와
> 물빠짐 정도, 다른 풀과의 경쟁 등 콩을
> 둘러싼 환경이 다르기 때문이야. 물론 씨앗
> 자체에 원인이 있을 수도 있지. 곡식을 가꾸는
> 입장이라면 어떤 씨앗을 다음 농사에 쓸 종자로
> 남기려고 하겠니? 그래서 씨앗으로 쓸 콩은
> 척박한 땅에서 자랐지만 튼실한 것을 골라 거두기부터
> 갈무리까지 따로 작업을 했단다.

5 밭이나 학교 화단에서 잘 여문 농작물을 고른다.

6 잘 말린 뒤 봉지에 넣고 날짜와 이름을 쓴다.

7 유전자가 조작된 씨앗으로 농사를 지으면 어떤 일이 생길까 생각해 본다.

✚ 유전자조작 식품 알아보기

1 시판되는 가공식품 중 콩이나 옥수수로 만들어진 장류, 두부, 콩나물, 식용유, 두유, 마요네즈 등의 제품에서 성분함량이 표시된 라벨을 수집한다.

• 제 품 명 : 식용유(콩기름)
• 원재료명 : 콩 100%(수입산)
• 내 용 량 : 0.9ℓ (25℃)

2 라벨에서 원산지나 성분함량을 확인하여 (유전자 조작 농산물이 포함된) 수입 농산물이 가공식품에 얼마나 많이 이용되는지 알아본다.

3 우리의 몸과 지구를 다 함께 건강하게 지킬 수 있는 음식물 생활 수칙을 정해 본다.

> 토종을 왜
> 살려야 하냐고?
> 토종은 우리나라
> 야생종으로 종이
> 풍부해지면 먹이사슬도
> 다양해져 생태계가
> 건강해지거든.

🌸 교사일기

아이들과 가을 햇살 아래서 씨앗을 받는 활동은 생명의 순환에 참여하는 뜻깊은 경험이다. 아울러 우리 땅에서 자란 우리 종자의 의미를 생각해 보자. 아이들에게 영양소나 음식 남기지 않기 등은 흔히 이야기하지만 정작 생산단계에서 어떤 과정을 거치는지, 안전한 식품인지 등은 관심 밖이다. 급식 시간이나 교과서에 나오는 두부 만들기와 같은 체험을 할 때 유전자조작 농산물이나, 우리 농산물에 대해서도 이야기해 보자.

가을 곤충과 친구하자

활동 목표 | 1.가을 논에서 볼 수 있는 곤충의 특징을 몸으로 표현할 수 있다.

2.곤충을 비롯한 생물을 아끼고 보호하려는 태도를 지닌다.

관련 교과 | 슬기로운 생활 1학년 2학기 3.가을 마당, 과학 3학년 1학기 7.초파리의 한살이

준 비 물 | 잠자리채, 투명한 병, 돋보기나 루페, 간이 곤충도감, 복장(긴팔, 긴 바지)

 선생님과 함께하는 모의수업 ━ ━ ━ ━ ━ ━ ━ ━ ━ ━

파란 하늘에는 빨간 고추를 닮은 고추잠자리, 황금색 들판에는 후드득 메뚜기. 흔히 볼 수 있는 가을 곤충이지요. '잠자리 잠자리 새끼줄 줄에 잡아라' '메뚜기를 움켜잡아 병에다 가득 담아……' 아빠, 엄마 어렸을 때는 이렇게 자연에서 놀았대요.

✛ 논 탐험하기

1 논둑을 따라 걸으며 곤충을 찾아본다.

2 잠자리채나 손으로 가을 곤충을 잡아 본다.

3 투명한 병 속에 넣고 곤충의 생김새를 관찰한다.

4 잡은 곤충 멀리 날리기 대회를 하면서 다치지 않게 놓아준다.

5 곤충의 소리, 움직임, 생김새를 흉내 내어 본다.

메뚜기도 있네. 우와 많다.

벼 잎사귀 사이에 곤충이 보이나요? 눈이나 다리가 어떻게 생겼나요?

알이 있어요. 날아다니네.

왜 이 논에는 곤충이 없을까?

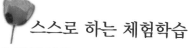
스스로 하는 체험학습
＋잠자리를 잡아 보자.

커다란
두 눈으로
사방팔방 볼 수
있고, 날개 네 장을
따로따로 움직여서
빠르게 나는 잠자리가
쉽게 잡히나?

가을엔
왜 빨간
고추잠자리가
많을까? 좀잠자리
종류 수컷이 몸 빛깔을
빨간 혼인색으로
단장해서 그런 거야.

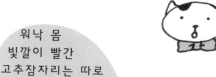

워낙 몸
빛깔이 빨간
고추잠자리는 따로
있지만 그 수가
줄어들어서 흔히 볼
수 없단다.

날개를
꽉 잡으면
다시 놓아주어도 날지
못하거든. 잠자리의
뒷날개는 맥이 가늘고
부드럽지만 앞날개는 두툼하고
튼튼하단다. 앞날개를 꽉
잡고 있으면 날개 맥이
부러져 잘 날 수 없어.

🌿 교사일기

요즘 아이들은 자연 속에서 노는 것조차 익숙하지 않아 머뭇거린다. 어떻게 노는지 가르쳐 줄 수밖에 없지만 이렇게 가을 하늘 아래 들판에서 보낸 시간은 아이들이 기억 속에 오래 남을 것이다. 안타까운 것은 예전에 비해 논에서 곤충을 보기 힘들어졌다는 일이다. 메뚜기는 농약에 민감하여 농약 사용량을 곧바로 알 수 있는 친환경의 척도로 알려져 있다. 수확량을 늘리기 위해 농약과 비료를 남용해 해충을 없애 주는 역할을 하는 거미나 기생벌 등도 우리 곁에서 점점 사라졌다.

🌿 쉿, 주의!

1. 벼과 식물이 피부를 상하게 할 수 있으니 긴팔이나 긴 바지를 챙겨 오도록 한다.
2. 벼농사에 피해가 가지 않도록 한다.

갯벌에 나가 보자

밀려오는 밀물, 빠져나가는 썰물. 갯벌에는 게, 조개, 망둥어뿐만 아니라 식물도 살고 새도 산다. 모두가 함께 사는 소중한 곳 갯벌! 작지만 하나밖에 없는 생명이 얼마나 신비롭고 아름다운지, 갯벌에서는 무슨 일이 일어나고 있는지 알아보자.

바닷소리 듣기

활동 목표 | 1.바닷가의 여러 소리를 들으며 감성을 키울 수 있다.

2.놀이를 통해 갯벌의 정화 작용을 이해할 수 있다.

관련 교과 | 국어 4학년 1학기 3.아하, 그렇군, 6학년 1학기 5. 나눔과 어울림

준 비 물 | 필기도구, 스티커

 선생님과 함께하는 모의수업 ▪ ▪ ▪ ▪ ▪ ▪ ▪ ▪ ▪

사르르 슬며시 들려오는 밀물 소리, 청다리도요의 맑은 음, 바람따라 춤추는 갈대 소리, 그리고 갯벌 둑에 앉아 갯바람을 맞으며 간간히 들려오는 새소리를 들어 봐요. 자연의 소리는 우리를 가슴 설레게 한답니다.

✚ 갯벌의 힘

1 세 겹으로 원을 만들어 옆 사람 손을 잡고 둘러선다.(갯벌)

2 5~6명의 아이가 오염된 물이 되어 원 안에 선다. 등이나 팔에 스티커(오염 물질)를 붙인다. 원 밖은 바다이다.

3 안에 있던 오염된 물은 갯벌에 스며들 듯이 재빨리 원 밖으로 탈출을 시도한다.

4 원을 이룬 아이들은 손을 놓지 않도록 하며 몸을 이용해 스티커를 뗀다.

5 원을 통과하면서(갯벌을 지나며) 스티커가 얼마나 많이 떨어졌는지(오염 물질이 정화되었는지) 확인한다.

우리나라에는 서해와 남해를 합쳐 약 2,393㎢의 갯벌이 있단다. 세계 5대 갯벌 중에 하나로 손꼽히지. 구불구불한 해안선이라 갯벌이 발달했어. 한강 하구처럼 강물이 가져온 고운 흙이 쌓여 갯벌이 되기도 해.

스스로 하는 체험학습 ▬ ▬ ▬ ▬ ▬ ▬ ▬ ▬

✚ 갯벌에서 나는 소리 듣기

1 갯벌을 향해 앉아 멀리 바라본다.

2 눈을 감고 손을 귀에 대고 주위의 소리에 귀 기울여 본다.

3 새로운 소리를 들을 때마다 손가락으로 셈을 한다.

4 모둠별로 모여서 자기가 들은 소리에 대해 이야기하고 몇 가지 소리인지 정리한다.

바닷물이 갯벌과 닿는
선을 물겨드랑이라고
한단다. 우리 몸에서 팔과 몸이
연결된 부분을 겨드랑이라고 하지.
바닷물과 갯벌이 연결되는 곳이라고
그런 이름을 붙였나 봐. 간들간들
바닷물이 찰랑거리면 갯벌은
정말 간지러운 느낌이 들지도
모르겠네.

확 트여서
마음까지
시원해져요.
넓은 벌판
같아요.

🦋 교사일기

갯벌이나 둑에 앉아 자연의 소리를 듣는 활동은 자유로운 느낌을 주는 생생한 체험이다. 탁 트인 넓은 공간으로 이끌어 시야를 넓혀 주는 일이 필요하다. 아이들이 가까이 있는 작은 것에 눈길을 보내더라도 실망하지 말고 '아이들의 특성이려니……' 생각한다. 정형화하지 않은 자연스러운 표현을 익히는 데 도움을 준다.

갯벌에는 누가 살까?

활동 목표 | 1.갯벌에 사는 생물을 관찰하여 특징을 알 수 있다.

2.갯벌 생태계에 대해 이해할 수 있다.

관련 교과 | 국어 5학년 1학기 2.알리고 싶은 내용

준 비 물 | 가는 체, 넓은 쟁반이나 접시, 돋보기, 모종삽, 1m 길이의 끈, 쌍안경,

갯벌 생물 자료

 ## 선생님과 함께하는 모의수업

바닷물이 빠지고 갯벌이 드러나면 살아 있는 것들의 움직임이 활발해져요. 집게발을 들었다 놨다 하는 게도 있고, 고둥은 죽은 물고기를 먹느라 몰려 있지요. 갯벌 생물은 어떻게 살아갈까요?

도요새가 갯벌을 찾아왔구나. 호주나 뉴질랜드에서 겨울을 나고 여름에는 시베리아 등의 북쪽에서 번식을 한단다. 긴 거리를 날아가려면 중간에 쉬며 힘을 기르는 곳이 필요하겠지. 쉬면서 먹이를 구하려고 무리 지어 모이는 곳이 바로 우리나라 갯벌이래. 자랑스러워 할 만하지?

도요새 중에 게를 특별히 좋아하는 도요새가 있는데, 구멍 속에 숨어 있는 게를 먹기 위해 더 깊숙이 들어가려고 안간힘을 썼대요. 그러다 보니 지금처럼 부리가 길어졌고, 휜 구멍에 들어가기 좋게 부리도 약간 구부러지게 되었다고 한단다.

✚ 갯벌 탐사

1 뻘을 손가락으로 집어 감촉으로 어떤 갯벌인지 확인한다.

2 모둠별로 적당한 장소(구멍이 많이 보이는 곳)에서 사방 1m 구획을 짓는다.

3 조금 떨어져서 기다렸다가 표시한 영역에 있는 생물의 움직임을 살펴본다.

4 체험학습 보고서[141]쪽에 생물의 종류와 개수를 기록한다.

5 구멍이 있는 곳을 삽으로 20cm 깊숙이 파내어 체에 얹고 물로 흔들어 채집한 생물을 접시에 담는다.

6 관찰하고 특징을 기록한다. (생물의 이름을 알지 못하는 경우에는 나중에 도감에서 찾아본다.)

7 갯벌 표면과 갯벌 속의 색깔과 냄새를 비교해 본다.

진흙으로 되어 있으면 뻘갯벌, 모래로 되어 있으면 모래갯벌, 둘 다 섞여 있으면 혼용갯벌. 갯벌이 다르면 사는 생물도 다르지요.

쉿, 주의!

1. 갯벌은 무수한 생물이 살아가는 곳이에요. 물이 빠졌을 때 부지런히 먹이를 먹어야 하는데 갯벌에 오래 있거나 함부로 뛰어다니면 그들에게 방해가 되겠죠. 살아 있는 생물을 친구처럼 소중히 대하도록 해요.

2. 갯벌 여기저기를 뛰어다니면 갯벌의 숨구멍을 막는 것과 다름없어요. 줄지어서 조금만 들어갔다 바로 줄지어 나오도록 해요.

3. 반드시 사전 답사를 해요. 장소의 특징, 안전 점검, 갯벌 안내를 해줄 수 있는 분을 알아보아요.

4. 갯벌은 어민들의 생활 터전이므로 함부로 들어가지 않도록 하고 인근 어민의 허락을 받도록 해요.

물새와 친구하기

활동 목표 | 1.저어새에 대해 알아보고 저어새 모형을 만들어 놀며 친근감을 가질 수 있다.

2.갯벌은 여러 생물이 어울려 살아가는 곳임을 알고 갯벌을 보호하려는 마음을 가질 수 있다.

관련 교과 | 체육 3학년 3.표현활동, 도덕 6학년 7.자연 사랑

준 비 물 | 저어새 그림판(활동지 참고), 두꺼운 도화지, 가위, 풀, 할핀, 갯벌 배경 그림판

 ## 선생님과 함께하는 모의수업 ▬ ▬ ▬ ▬ ▬ ▬

하얀 깃털에 주걱 모양의 검은 부리를 가진 새에 대해 들어 보았나요? 갯벌에서 물속에 부리를 넣고 저어 가며 먹이를 먹는다고 해요. 예전에는 많이 볼 수 있었는데, 지금은 서해안의 갯벌이나 무인도에서 드물게 보여 보호가 필요한 저어새에 대해 알아봐요.

저어새는 먹이를 찾을 때 부리로 물속을 휘휘 젓지. 그래서 이름이 저어새란다. 눈으로 보며 먹이를 잡는 것이 아니라서 부리의 감각이 중요해.

 그래서 부리가 주걱처럼 길게 생겼나 봐요.

 저어새는 뭘 먹고 살지요?

 게, 물고기, 새우요. 미꾸라지나 논에 사는 벌레도 잡아먹어요.

 저어새가 사라지지 않고 계속 우리랑 함께 살려면 어떻게 해야 할까?

1 저어새 동영상을 시청한다.

2 저어새가 사는 곳, 모습, 움직임 등에 대하여 이야기를 나눈다.

3 저어새 종이 모형을 만든다.

4 만든 저어새의 움직임을 생각하며 갯벌 배경 그림판에 붙인다.

5 저어새와 자연에 대한 자신의 생각을 자유롭게 발표한다.

6 저어새에게 편지를 써 본다.

✚ 만드는 방법

1 활동지139쪽를 확대 복사한다. (B4용지 크기)

2 색연필 등을 이용하여 색칠한다.

3 색칠한 그림을 두꺼운 도화지에 풀로 붙인다.

4 가위로 외곽선을 따라 오린다.

5 오려 낸 것에서 가–가, 나–나, 다–다, 라–라끼리 겹친다.

6 (뒤) 표시가 되어 있는 것은 겹칠 때 뒤로 보낸다.

7 할핀으로 각각 고정시킨다.

8 머리와 다리, 날개 등이 움직이는 저어새가 완성된다.

 알아 두면 좋아요

'생명의 날개–평화의 아시아 저어새(http://www.bfspoonbill.org)'에서는 저어새의 생태 및 동영상을 볼 수 있어요. 그 밖에 '강화갯벌센터(http://www.tidalflatcenter. go.kr)'에 가면 저어새 탐조와 안내가 가능하답니다.

✚저어새 움직임 표현하기

하늘을 나는 모습
서로 깃털을 다듬어 주는 모습
부리를 날개깃에 넣고 쉬는 모습
부리를 휘저으며 먹이를 잡는 모습
어미를 따라가며 먹이 달라고 조르는 모습

갯벌 배경 그림판에 저어새를 붙인 모습

스스로 하는 체험학습 ▬ ▬ ▬ ▬ ▬ ▬

✚저어새 흉내 내기

1 2학년 국어에서 배운 「훨훨 간다」 황새 흉내 내기 참고

저어새 가족 이야기를 대본으로 꾸며서 연극을 해볼까?

훨훨 온다./성큼성큼 걷는다./ 기웃기웃 살핀다./콕 집어 먹는다.

아기 저어새는 나는 연습을 어떻게 할까요?

2 저어새로 바꾸어 흉내 내기

교사일기

갯벌에 얼마나 다양한 생물이 살아가는지, 얼마나 건강한 갯벌인지 보여 주는 잣대가 물새다. 우리나라 갯벌은 세계적인 희귀종과 멸종위기에 놓인 새들의 안식처로서 소중한 곳이지만 점점 사라지는 갯벌과 함께 이들의 생존도 위협받는다. 갯벌을 서식지로 삼는 대표적인 멸종위기 조류인 저어새를 알아보고 갯벌 체험으로 얻은 이해를 바탕으로 지속적인 관심을 갖고 보전 의식을 기르자. 쉽지는 않지만 저어새에 대해 알기 위한 가장 좋은 방법은 그들이 살고 있는 장소에 직접 가서 살펴보는 것이다. 봄, 가을철에 갯벌 체험을 한다면 도요새 종류는 흔히 볼 수 있으므로 유심히 움직이는 모습 등을 관찰해 두고, 왜 그곳에 그러한 새들이 서식하는지 생각해 보도록 하면 의외로 아이들은 갯벌 생물간의 관계를 잘 이해한다.

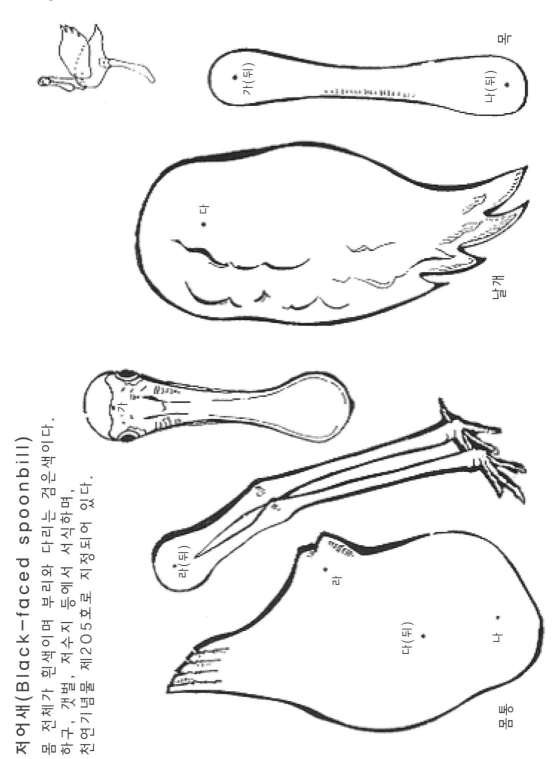

✚ 활동지

머리

가(뒤)

나(위)

다

날개

가

라(뒤)

눈

다(뒤)

나

눈

몸통

저어새(Black-faced spoonbill)
몸 전체가 흰색이며 부리와 다리는 검은색이다.
하구, 갯벌, 저수지 등에서 서식하며,
천연기념물 제205호로 지정되어 있다.

✚ 저어새 만나기

도감에는
어떤 정보가
실려 있는지
알아볼까?

78

저어새

Platalea minor
Black-faced Spoonbill

황새목 / 저어새과

79

위부터 여름깃 / 둥지와 알

특징 : 74cm. 부리가 길고 납작한 주걱 모양이며 검은색. 온몸은
　흰색이나 눈 주위와 얼굴 앞쪽으로 드러난 피부는 검은색. 다리는
　검은색. 여름에는 뒷머리에 황갈색 댕기깃. 목 아래에 같은 색깔의
　띠를 갖는다. 어린새는 댕기깃과 목의 노란색 띠가 없고. 첫째날개깃
　끝에 검은 반점이 있으며 부리는 어두운 회갈색. 얕은 물 속에 부리를
　담그고 좌우로 저으면서 살아있는 먹이를 찾는다.
분포 : 중국 동북부 지방 일부와 우리나라 서해안에 국지적으로 분포하며
　번식. 겨울에는 홍콩. 대만. 베트남 및 제주도로 이동하여 월동. 바닷가
　갯벌. 강어귀. 못이나 늪 등 얕은 물가에서 크고 작은 무리를 이루어
　생활한다.
번식 : 무인 도서의 암벽이나 땅 위에 나뭇가지나 풀줄기 등으로 접시
　모양 둥지를 지으며. 흰색 바탕에 갈색 반점이 있는 알 3개를 낳는다.
울음 : 번식기 중 "뿌우, 뿌우"
먹이 : 작은 물고기. 갑각류. 연체동물. 무척추동물. 곤충.
유사종 : 노랑부리저어새.
참고 : 매우 희귀한 여름새. 일부는 희귀한 텃새. 천연기념물 제205호.
　멸종 위기 국제 보호조.

위부터 겨울깃(맨오른쪽은 노랑부리저어새) / 여름깃 / 새끼새

『쉽게 찾는 우리 새(강과 바다의 새)』에서

140

+ 체험학습 보고서

이름:

날씨:

갯벌에서 하루를 보냈어요.		년 월 일	
장 소		물이 빠지는 시각	
체험 내용			
만난 생물 모두 적기	특별한 내친구		내가 붙인 이름:
	도감에서 찾은 이름: 그림		
알게 된 것 생각한 것 느낀 것			
더 알고 싶은 것			

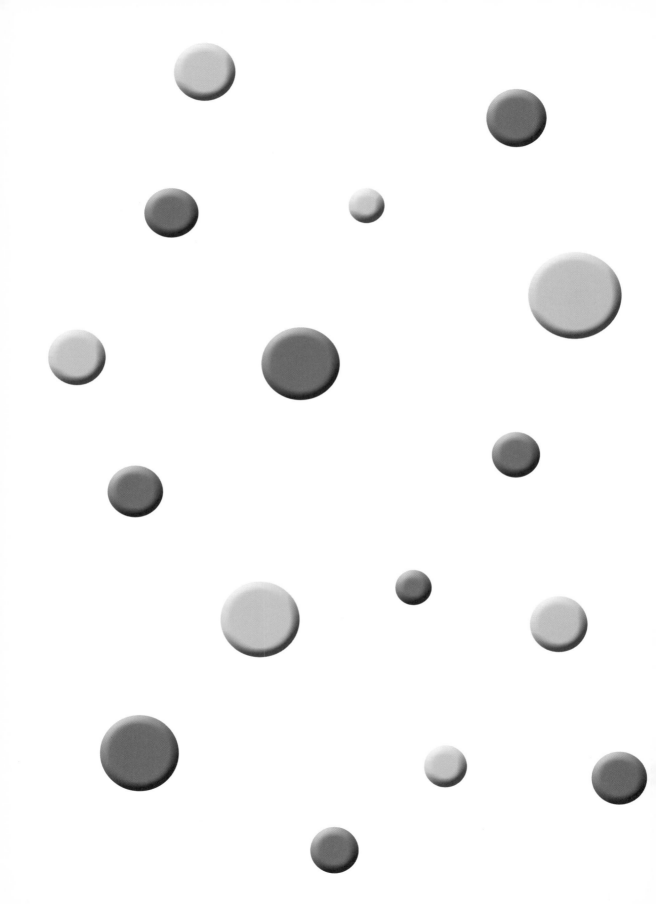

바람 쌩쌩 겨울 숲에서

잎이 떨어진 채 앙상한 가지만 남은 겨울 숲은 삭막하게 보인다. 숲 속 생물들은 나름의 방식대로 치열하게 겨울을 난다. 아이들에겐 추위에 움츠러들지 않고 신나게 노는 것이 겨울을 건강하게 나는 방법이다. 숲 속 친구들은 어떻게 겨울을 지내는지 알아보고, 야생동물과 함께 사는 방법을 생각해 본다.

나는 누구일까요?

활동 목표 | 1.놀이를 통해 야생동물의 이름을 추리하여 말할 수 있다.

2.사라져 가는 야생동물의 종류를 알고 이에 대한 소중함과 보존하려는 태도를 갖는다.

관련 교과 | 과학 4학년 2학기 2.동물의 암수, 도덕 6학년 소중한 생명, 과학 6학년 1학기

5.주변의 생물

준 비 물 | 동물 카드

 ## 선생님과 함께하는 모의수업 ▬ ▬ ▬ ▬ ▬ ▬ ▬

숲은 숨을 곳이 많고 먹이도 풍부해서 야생동물들의 보금자리가 되지요. 옛날이야기에 호랑이나 늑대에 대한 이야기가 많이 나오는 것을 보면 전에는 우리 숲에 그런 동물이 많았나 봐요. 언제부턴가 야생동물을 보기가 어려워졌지요? 우리 주변에서 사라진 동물들을 불러 보고 이 숲으로 초대해 볼까요?

✚ 누구일까요?

얘들아, 누가 선생님 등에 동물 카드를 하나 붙여 줄까? 내 등에 붙인 동물을 맞출 수 있도록 도와줄래?

1.예
2.아니오
3.예
4.예
5.맞아요!

1.나는 숲에서 삽니까?
2.(숲에 사는 동물이라……걸어 다닐까?)나는 숲 밑을 걸어 다닙니까?
3.(걸어 다니지 않는다면 헤엄을 치거나 날아다니는 거겠네.)나는 하늘을 날 수 있습니까?
4.(새가 틀림없군. 그럼 무슨 새일까? 새는 낮에 활동하는 새와 밤에 활동하는 새가 있다고 했어. 옳지.)나는 밤에 사냥을 합니까?
5.(밤에 사냥을 한다면……부엉이?) 나는 부엉이입니까?
(교사는 부엉이 흉내를 낸다.)

✚스무고개 맞추기

1️⃣ 모둠을 나누어 앉고 한 모둠씩 앞으로 나와 선다.

2️⃣ 교사가 앞에 나온 모둠이 보이지 않게 동물그림 카드를 제시한다.

3️⃣ 앞에 나온 모둠 친구들은 어떤 동물인지 맞추기 위해 상의해서 함께 질문을 한다.

4️⃣ 질문을 받은 사람은 "예, 아니오, 비슷합니다, 모르겠습니다."하는 답변만 할 수 있다.

5️⃣ 자신이 누구인지 알았으면 "우리는 ~입니다." 하고 해당하는 동물 흉내를 내 본다.

6️⃣ 다음 모둠이 나와 같은 방법으로 동물을 맞춘다.

7️⃣ 뒷면의 멸종위기 동물의 설명을 읽으며 친구들에게 소개한다.

8️⃣ 멸종위기 동물을 보호하기 위한 방법을 토의한다.

 ## 스스로 하는 체험학습 ▬ ▬ ▬ ▬ ▬ ▬ ▬ ▬ ▬ ▬ ▬

✚멸종위기 동물 카드놀이

1️⃣ 모둠별로 멸종위기 동물 카드를 한 세트씩 준비한다.

2️⃣ 멸종위기 동물 카드의 설명이 보이지 않게 따로 엎어 놓는다.

3️⃣ 한 학생이 먼저 설명 카드를 한 장 뒤집어서 읽고 동물그림 카드 중에서 한 장을 다시 뒤집어 설명에 맞는 카드이면 가져가고 맞지 않는 카드가 나오면 다시 엎어 놓는다.

4️⃣ 활동이 끝난 뒤 카드를 가장 많이 가진 학생이 이긴다.

놀이를 시작하기 전에 멸종위기 동물에 대해 조사해 볼까요?

동물이 살고 있는 서식지를 파괴하면 안 돼요.

멸종되면 다시는 볼 수 없는 건가요?

✖알아 두면 좋아요

지리산의 반달가슴곰 이야기를 아나요? 반달가슴곰은 우리나라에 서식하는 가장 큰 동물로 멸종위기에 처했을 뿐 아니라 국제적으로도 보호되는 진귀한 동물이에요. 현재 지리산에는 러시아에서 데려온 같은 종의 반달가슴곰을 우리나라 산에서도 살게 하기 위해 노력하고 있어요.

숲 속 친구들의 겨울나기

활동 목표 | 1.생물들이 겨울을 나는 모습을 알 수 있다.

2.동물의 흔적을 찾아보며 숲의 건강함을 알 수 있다.

관련 교과 | 국어 5학년 1학기 2-2. 알리고 싶은 내용, 음악 6학년 겨울나무

준 비 물 | 방한복, 장갑, 모자

 선생님과 함께하는 모의수업 ▬ ▬ ▬ ▬ ▬ ▬ ▬

숲 속 친구들은 어떻게 겨울을 날까요? 곤충은 알을 낳아 숲 어딘가에 꼭꼭 숨겨 두었어요. 겨울에만 볼 수 있는 새는 벌써 와서 고요한 겨울 숲을 맑은 소리로 채우지요. 탐정처럼 숲 속 친구들의 흔적을 찾아가 볼까요?

✚ 나무들의 겨울나기

1 늘푸른나무를 찾아본다.

2 잎이 없는 나무를 찾아본다.

3 나무 끝과 잎이 떨어진 자리를 들여다보고 겨울눈을 찾아본다.

4 예쁜 색깔의 열매를 찾아본다.

늘푸른나무는 어떤 특징이 있을까?

겨울에 숲의 풀은 어떻게 되었을까?

잎이 변하지 않아요.

누렇게 시들었어요. 아직 초록색으로 남아 있는 것도 있어요.

햇빛이 잘 드는 곳에 잎이 땅에 착 달라붙어 있는 풀들이 있어. 냉이, 질경이, 달맞이꽃 등이 바로 이런 모양으로 겨울을 나지.

스스로 하는 체험학습 ▪ ▪ ▪ ▪ ▪ ▪ ▪ ▪ ▪ ▪

✚ 곤충들의 겨울나기

1 낙엽을 들춰 본다.

2 썩은 나무 속을 들여다본다.

썩은 나무 속을 들여다보렴. 말벌의 여왕벌이나 사슴벌레의 애벌레를 볼 수 있을지도 몰라.

통통한 애벌레는 꿈틀이를 꼭 닮았어요.

왕오색나비의 애벌레가 팽나무 낙엽 뒤에서 자고 있네.

✚ 동물 흔적 찾기

1 2~3명씩 짝을 지어 주위를 돌아다니며 동물의 흔적을 찾아본다.

(배설물, 발자국, 깃털이나 솜털, 나무나 땅의 구멍)

2 누구의 흔적일까 추리해 본다.

이 나무의 구멍은 딱따구리의 집 같아요.

야생동물들은 수줍음이 많고 조그만 기척에도 재빨리 숨는단다. 숨을 죽이고 살금살금 다녀야 해.

▶ 갉아 먹은 흔적이 있는 열매나 씨앗을 발견했다면? – 들쥐, 다람쥐, 청설모

▶ 나무를 갉아 먹은 흔적을 발견했다면? – 토끼, 다람쥐, 사슴

▶ 새의 깃털이 흩어져 있는 것을 발견했다면? – 포유류, 맹금류(매)에게 잡아먹힌 새

 ## 교사일기

동물들이 눈에 띄지 않아도 동물의 흔적을 찾아봄으로써 그 존재를 예감할 수 있고, 동물들의 살아가는 방식을 이해할 수 있다. 산에는 눈이 녹지 않고 미끄러운 곳이 많으므로 되도록이면 눈이 내리지 않은 시기를 택하여 체험활동을 하도록 한다.

새 먹이통 달아 주기

활동 목표 | 새 먹이통을 달아 주며 야생동물에 대한 애정과 관심을 가질 수 있다.

관련 교과 | 국어 6학년 1학기 2.자연과 더불어, 도덕 6학년 2학기 자연사랑

준 비 물 | 우유 팩 1L짜리(개인당), 갈라진 나뭇가지, 마가린, 땅콩 등 작은 씨앗, 철사,
송곳, 쌍안경

❀ 선생님과 함께하는 모의수업 ▬ ▬ ▬ ▬ ▬ ▬

봄에는 새순, 여름에는 곤충, 가을에는 갖가지 열매로 풍성하던 새들의 식탁이 겨울에는 텅 비었어요. 새들은 추운 겨울에 뭘 먹고 살까요? 낙엽도 다 지고 눈까지 쌓이면 새들은 먹이를 구하기 어려워요. 새들이 잘 먹고 추위를 이기라고 먹이를 주러 가 볼까요?

✚ 새 먹이통 달아 주기

1 1L짜리 우유 팩을 말려 윗부분을 가위로 오린다.

2 마가린을 녹인다.

3 준비한 씨앗을 마가린과 잘 섞는다.

4 우유 팩에 나뭇가지를 길이로 넣고 **3** 을 부어 굳힌다.

5 숲에 가서 적당한 나뭇가지에 달아 준다.

　(단단하게 매달고 나무에는 못을 박지 않는다.)

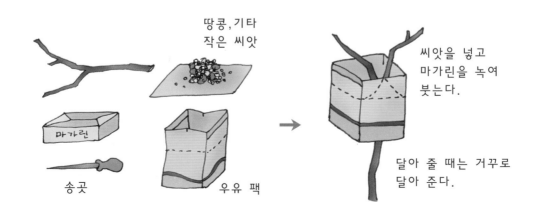

땅콩, 기타
작은 씨앗

송곳

우유 팩

씨앗을 넣고
마가린을 녹여
붓는다.

달아 줄 때는 거꾸로
달아 준다.

스스로 하는 체험학습 ▪ ▪ ▪ ▪ ▪ ▪ ▪ ▪ ▪ ▪

✚ 새 부르기

1 새가 많이 찾아오는 곳으로 간다.

2 땅콩이나 씨앗을 돌 위에 놓고 새를 기다린다.

3 새가 날아오면 움직임을 관찰한다.

4 몸 색깔, 생김새, 소리 등을 유심히 살펴본다.

새는 예민해서 인기척을 느끼면 금세 포르르 날아간단다. 소리 내지 말고 움직이지도 말고.

앗, 새가 날아왔어요!

몸 전체 색깔은 어떠니? 크기는 참새만 한가, 까치만 한가? 이키, 날아가 버리네. 나는 모습을 잘 보자. 어떻게 움직이니?

 ## 알아 두면 좋아요

숲 속에 쌓이는 눈은 왜 좋은가요? 겨울철에 내린 눈은 봄철 가뭄기에 큰 도움을 줘요. 숲 속에 쌓인 눈은 서서히 녹아 땅속으로 들어갔다가 봄이 되어 땅이 녹으면 계곡으로 흘러나오기 때문이지요. 숲은 물이 부족하기 쉬워요. 나뭇가지나 잎에 쌓인 눈은 햇볕을 받으면 증발되어 그냥 하늘로 날아가게 되니까 가능한 바닥에 많은 눈이 쌓이도록 해야 돼요. 낙엽수림은 침엽수림보다 겨울 숲에 많은 공간을 열어 주어 숲에 눈이 더 많이 쌓이게 한답니다.

두루미 몸길이 150cm 정도, 체중은 12~17kg 논이나 갯벌에서 물에 사는 무척추동물, 어류, 곡물을 먹으며 어미와 새끼로 이루어진 가족 단위로 생활한다. 비무장지대에서 월동하며 강화도에도 적은 수가 해마다 온다.	**호랑이** 몸길이 173~186cm 털의 줄무늬는 사냥할 때 몸을 숨기기에 좋다. 울창한 산림에서 살고 여우, 산양, 맷돼지, 곰을 잡아먹는다. 사람들이 아름다운 털 가죽을 얻거나 약재로 쓰기 위해 사냥을 하여 거의 멸종 되었다.
반달가슴곰 몸길이 2m 지리산, 설악산에 산다. 나무를 잘 타고 앞가슴에 초승달 모양의 흰 무늬가 있다. 겨울잠을 자고 굴속에 새끼를 낳는다. 강원도 비무장지대와 지리산에 아주 조금 산다. <div align="right">사진: 국립공원관리공단 제공</div>	**삵** 몸길이 53~65cm 고양이와 유사한 형태이나 몸이 훨씬 크고 몸에 반점이 많이 있다. 주로 야행성이며 쥐, 맷토끼, 청설모, 조류 등을 잡아먹는다. 우리나라 전역의 산속 바위 굴에 적은 수가 산다.
황새 몸길이 102cm 저수지, 강 하구, 논에서 살며 어류, 양서류, 곤충류 등을 잡아먹는다. 텃새로 살던 것은 우리나라에서 사라졌고, 현재 천수만과 순천, 주남저수지, 우포 늪 등지에 불규칙적으로 십여 마리 정도가 겨울철새로 날아오고 있다.	**따오기** 몸길이 76.5cm 짝짓기 때는 암수 한 쌍이 함께 행동하며, 그 밖의 시기에는 작은 무리를 지어 논이나 갯가, 늪 등에서 생활한다. 우리나라에는 겨울에 찾아오는 철새였으나 20년 이상 발견되지 않아 현재는 사라진 것으로 보인다.
꼬마잠자리 수컷은 몸길이 15mm의 선명한 붉은색, 암컷은 몸길이 20mm의 황갈색 물이 얕게 흐르는 곳에서 살며 6월에서 8월 초까지 발생한다. 지리산 습지, 곡성, 무제치늪, 경기도 칠보산, 인천 무의도에서 확인되었다.	**장수하늘소** 몸길이 8.5~12.5cm 하늘소 중에서 가장 크며 애벌레는 나무줄기 속으로 파고 들어가 피해를 입히기도 하나 딱따구리 등에게 먹혀 적은 수만 성충으로 부화한다. 서울 북한산과 경기도 광릉에 분포 기록이 있다.

✚멸종위기 동물 알아보기

물범
몸길이 140cm~170cm, 체중 80kg
몸 전체에 작고 짙은 회색의 반점이 있다. 해안가 바위를 휴식처로 이용하며 어류와 패류를 먹이 자원으로 이용한다. 서해 백령도에서 주로 살며 번식지는 중국의 리아동오만이다.

사향노루
고라니와 비슷하나 좀더 작고 수컷은 송곳니가 발달했다. 바위가 많은 높은 산악지대에서 이끼, 연한 풀, 열매, 나무의 어린 순을 먹는다. 강원도, 전북 등지에 조금 산다.

하늘다람쥐
몸길이는 100~150mm
귓바퀴는 작고 눈이 매우 크며 날 수 있다. 야행성이며 울창한 산림에서 나무 구멍을 보금자리로 사용한다. 나무의 어린 잎, 순을 주로 먹으며 곤충, 밤, 개암, 호두 등도 먹는다.

수달
몸길이 65~71cm
우리나라 전역에서 볼 수 있었으나 털이 모피로 쓰이고, 최근에는 하천의 정비, 수질오염 등으로 수가 감소하고 있다. 청각, 후각이 예민하며 천적이 거의 없다. 물갈퀴가 있어 수영을 잘하고 야행성이며 물고기와 작은 동물을 잡아먹는다.

여우
몸길이 60~90cm
옛날에는 많았으나 지금은 남한에는 거의 멸종되었고 북한에는 아직 적지 않게 살고 있다고 한다. 뾰족하게 생긴 귀로 소리를 잘 들으며 밤에 사냥하고 낮에는 굴에서 쉰다.

산양
몸길이 129cm
세계에 다섯 종류뿐이며 산세가 높고 험한 바위틈에 서식한다. 귀소성이 강하여 밀렵의 대상이 되고 있다. 분포의 남부는 울진의 통고산이며 폭설로 인가에 내려온 것을 마구 잡아 수가 매우 줄었다.

맹꽁이
몸길이 45mm
개미, 거미, 딱정벌레, 지렁이 등을 먹고 4월경 동면에서 깨어난다. 큰비가 내리면 이때 만들어진 웅덩이에서 번식한다. 전국적으로 흔했으나 지금은 제한된 지역에만 남아 있다.

표범장지뱀
몸통 7~9cm, 꼬리길이 7cm
표범 무늬 얼룩 반점이 있으며 발톱이 뾰족하다. 강변의 풀밭이나 모래, 돌 밑, 흙 속에서 살며 행동이 날쌔고 곤충을 잡아먹는다. 개발로 인한 서식지 파괴와 농약 사용으로 급격히 줄고 있다.

✚ 내가 찾은 멸종위기 동물을 적어 보아요.

겨울 손님 만나기

우리 몸을 움츠리게 하고 두꺼운 옷을 챙겨 입게 하는 겨울바람이 불어 오면 우리 마을 강에 새가 날아든다. 여름에는 보이지 않던 오리랑 멸종 위기에 처한 희귀한 새가 우리 곁에서 겨울을 난다. 진귀한 겨울 손님들 을 만나 보자.

겨울 물오리

활동 목표 | 1.「겨울 물오리」노래를 즐겁게 부를 수 있다.

2.철새들이 이동하는 모습과 생태를 느낄 수 있다.

관련 교과 | 국어 4학년 1학기 4.함께하는 우리, 과학 4학년 1학기 7.강과 바다, 5학년 2학기 1.환경과 생물

준 비 물 | 악보「겨울 물오리」

 ## 선생님과 함께하는 모의수업 ▬ ▬ ▬ ▬ ▬ ▬ ▬

해마다 겨울에 우리나라에 찾아와 추위를 견디는 철새가 있어요. 물 위에 떠서 먹고 쉬는 오리와 고니, 하얀 엉덩이를 보이며 날아가는 기러기, 우리나라 전통문화와 깊은 관계를 맺고 있는 두루미. 우리도 새를 만나러 가 볼까요?

새들은 왜 이동을 하며 살아갈까? 모든 생물은 환경에 적응하면서 살아간단다. 식물도 날씨가 추워지면 잎을 떨어뜨리거나 씨앗을 땅 속에 남겨 자손을 번식시키잖니? 새는 날개가 있으니까 날씨가 너무 추워지거나 더워지면 먹이를 구하기 어렵고 활동하기 불편해지므로 이동을 하는 거야.

추운 겨울엔 집 안이 최고야.

쇠오리도, 두루미도 다들 생존을 위해 얼마나 힘이 드는지 알겠어요.

✚ 겨울 물오리

1 「겨울 물오리」(백창우 작곡) 노래를 불러 본다.

2 악보를 보거나 음악을 들으며 노래를 부른다.

✚ 철새 살아남기 게임

1 준비: 번식지와 월동지, 중간기착지를 정해 놓는다.

2 짝을 지어 번식지(러시아 아무르 강 유역)-월동지(중국)-중간기착지(한국)순으로 돌아온다. 번식지에서 둥지를 차지하지 못하거나 월동지(이동 도중)에서 포식자(맹금류, 육식성 동물)나 사냥꾼에게 잡히거나 중간기착지에서 농약 묻은 곡식을 먹으면 탈락한다.

3 살아남은 사람들은 다시 게임에 들어가며 이것은 두 번째 이동을 나타낸다. 이때 대규모 산불이 난 것을 의미하는 역할을 더 만들어 배치하고 이전의 역할들을 바꿔 준다.

4 처음 놀이를 시작했던 쌍과 두 번째 이동을 하고 나서 살아남은 쌍을 비교해 본다.

5 철새를 보전하려면 국제적 연대가 필요하다는 것을 알려 준다.

*두루미는 러시아→한국→일본으로 이동한다.

바닥에 둥지의 의미로 두 사람이 설 수 있는 원 6~7개를 그린다.

곡식을 의미하는 종이쪽지를 떨어뜨려 놓는다. '농약'이라고 쓰인 것을 몇 개 포함한다.

30~40m 떨어진 나무나 건물 등 월동지에는 두세 명을 배치해 사냥꾼과 포식자 역할을 하도록 한다.

철새의 생태

활동 목표 | 1.겨울철에 우리 마을이나 고장을 찾는 새가 있음을 알고 자세히 관찰할 수 있다.

2.철새가 살기 좋은 자연환경이 곧 인간도 살기 좋은 환경임을 알 수 있다.

활동 장소 | 우리 마을 강가(호숫가)나 바닷가

관련 교과 | 과학 4학년 1학기 7.강과 바다, 4학년 2학기 1.동물의 생김새, 2.동물의 암수,

5학년 2학기 1.환경과 생물

준 비 물 | 쌍안경(8배율x구경 40mm 또는 7배율x구경 50mm 정도, 10배 이상이나 줌은 피할

것), 도감(LG상록재단의 『한국의 새』나 현암사의 『쉽게 찾는 우리 새』), 망원경(필드

스코프), 삼각대, 복장(방한모자, 자연과 비슷한 색상의 옷)

🌸 선생님과 함께하는 모의수업 ━ ━ ━ ━ ━ ━

추운 겨울에도 강이나 바닷가에는 정말 많은 생물이 살아가고 있어요. 특히 여름에 만날 수 없던 철새들이 겨울을 나고 있어요. 새들은 왜 여기에 왔을까요? 만나 보러 함께 갈까요?

우리는 새들이 사는 자연을 만나러 가는 손님이니까 자연과의 만남을 존중하는 자세를 가져야 해.

이곳에 겨울 철새를 더 많이 오게 하려면, 또는 더 편하게 지내게 하려면 어떻게 해야 할까?

맑고 풍부한 물이 흐르고 다양한 생물이 살 수 있도록 하천을 가꾸어요.

✛철새 탐조

1 새와 30m 이상 떨어진 곳을 탐조 장소로 정한다.

2 쌍안경으로 찾고, 망원경으로 자세히 살펴본다.

3 새의 생김새, 행동, 머물고 있는 주변 환경을 기록한다.

4 새도감을 찾아 그 특징을 확인한다.

5 탐조 후 교실이나 적당한 곳으로 돌아와 기록 내용을 살피고 소감을 발표한다.

새는 사람보다 훨씬 시력이 좋으니까 움직임이 크면 금방 날아가 버리지.

🌷 스스로 하는 체험학습 ▬ ▬ ▬ ▬ ▬ ▬ ▬

✛철새 탐조의 관찰 방법

1 양손을 모아 귀에 대고 새들이 내는 소리에 귀를 기울인다. 새들은 소리에 민감하므로 조용히 한다.

2 새의 생김새는 몸 전체에서 부리, 머리, 날개, 꼬리 등 부분으로 관찰하고 색깔, 무늬도 알아본다.

3 새의 행동은 물에 떠 있을 때, 잠수할 때, 머리를 박고 잘 때, 먹이를 찾을 때, 쉴 때 등을 관찰한다.

4 새들이 머물고 있는 환경이 땅이나 물가인지, 물 위인지 살펴본다.

5 관찰한 뒤에는 꼭 기록을 한다.

청둥오리 수컷의 부리는 노란색이고요, 머리는 초록색이에요. 목에 흰 줄이 있어요. 몸통은 갈색이고 꼬리가 위로 말려 있어요.

새가 놀라서 날아가지 않게 몸을 낮추거나 은폐물 뒤에 숨어 조심스레 관찰해야 해.

새들이 사는 곳을 기억해 둔다면 다음에도 비슷한 환경에서 그 새를 만날 수 있지.

솟대 만들기

활동 목표 | 1.나뭇가지로 솟대를 만들 수 있다.

2.솟대의 의미를 알 수 있다.

준 비 물 | 나뭇가지, 전지가위, 칼, 송곳(또는 전동 드릴), 접착제, 찰흙덩이

선생님과 함께하는 모의수업 ▪ ▪ ▪ ▪ ▪ ▪ ▪ ▪

1작은 나뭇가지를 모은다.

2전지가위나 칼(경우에 따라 작은 톱)로 적당한 크기와 모양으로 자른다.

3자리를 잡아 접착제로 붙이거나 구멍을 뚫어 서로 고정시킨다.

4찰흙덩이에 꽂아 전시한다. 서로의 작품에 대해 이야기한다.

옛날 우리 조상들은 마을 입구에 장승이나 솟대를 세웠어. 왜 그랬을까?

조상들은 새가 하늘과 땅을 연결하는 사신이라고 여겼지.

시골에서 본 것 같아요.

✚도감찾기

주남저수지는 겨울 철새 도래지로 유명하지요.

그 밖에도 우리나라에는 철원, 한강 하구, 금강 하구, 낙동강 하구 등 철새를 볼 수 있는 습지가 있어요.

새 이름(한국명)

보호대상종

새 이름(영어)

기타 분류 학명

새의 설명(국문과 영문): 서식지, 형태와 특성(수컷과 암컷 비교, 여름깃, 겨울깃, 어린새), 생태, 먹이, 실태 등

무리 지어 나는 모습

『탐조여행—주남의 새』에서

*함께 보면 좋은 책: 『쉽게 찾는 우리 새』

『우리가 정말 알아야 할 우리 새 백가지』

『우리가 정말 알아야 할 우리 새소리 백가지』

찬바람 쌩쌩 겨울 논에서

가을걷이가 끝나고 볏짚마저 거두어지면 논과 밭은 침묵 속에서 혹독한 겨울을 맞는다. 그 속에서도 온기를 내며 비닐하우스의 작물은 자라고 보리 싹은 올라온다. 텅 빈 논에서 놀며 농촌의 겨울나기 모습을 알아보자.

빈 논에서 놀자

활동 목표 | 1.계절에 따라 변하는 논의 모습을 찾을 수 있다.

2.겨울 논에서 여러 놀이와 신체 활동을 즐겁게 할 수 있다.

관련 교과 | 슬기로운 생활 2학년 4.겨울을 따뜻하게 보내려면, 체육 4학년 계절활동

준 비 물 | 찬바람도 친구 삼을 수 있는 마음

✳ 선생님과 함께하는 모의수업 ▬ ▬ ▬ ▬ ▬ ▬ ▬ ▬

한 해 농사를 마친 논은 잠시 휴식에 들어가요. 함께 어울려 살았던 친구들은 모두 땅속으로 파고들어 추위를 견딘답니다. 하지만 우리에게는 오히려 더 넓은 놀이 공간이 생겼어요. 춥다고 웅크리지 말고 가슴 깊이 찬바람을 들이마시며 논에 나가 볼까요?

➕ 논둑 걷기

1 바람을 맞아 크게 심호흡을 한 뒤, 논둑을 따라 걸어 본다.

2 걸으면서 겨울이 되어 달라진 자연의 모습을 찾아 이야기해 본다.

3 가을걷이의 흔적(벼 이삭, 콩꼬투리 등)이나 빈 논을 찾은 다른 생물의 흔적(새의 깃털이나 발자국, 야생동물의 배설물이나 발자국 등)을 찾아본다.

눈에 찍힌 새의 발자국

4 논 주변에 작은 웅덩이가 있으면 생물이 있는지 살펴보고, 어떻게 겨울을 나고 있는지 살짝 엿본다.

5 겨울에 논을 찾는 동물의 흔적을 찾아보며 사람과 야생동물의 공존에 대해 생각해 본다.

6 징검다리 건너듯 벼 밑동을 밟아 본다.

논두렁 달리기가 가장 신나요.

계절에 따라 논밭에서는 어떤 일이 일어나는지 이야기로 만들어 보자.

166

새들은 먹이가 부족할 때나 이동 중에 벼 이삭을 주워 먹기 위해 찾아오기도 한단다.

논에서 함께 어울려 살았던 친구들은 다 어디 갔을까? 새로 찾아온 친구는?

미꾸라지랑 우렁이는 땅속으로 파고들었어요.

우리보다 먼저 빈 논에 들른 친구들이 있는지 흔적을 찾아볼까?

이건 어떤 새의 발자국이에요?

요즘은 겨울에 논물을 빼지 않고, 벼 그루터기가 잠기지 않을 정도의 10~15cm 높이로 물을 가두는 곳도 있단다. 무논이라고 부르는데, 땅을 갈아엎지 않기 때문에 벼 이삭이나 뿌리가 남아 있어 철새들이 찾아와 먹기도 하고 쉬기도 해. 그런데 새들에게만 좋은 게 아니야. 논에 머물면서 눈 새똥은 아주 좋은 유기질비료가 된다는구나. 다음 해 농사를 지을 때 도움이 되겠지?

 교사일기

아이들과 겨울바람을 맞으며 심호흡을 하면 차가운 기운이 가슴에 들어와 자연과 호흡을 한다는 느낌을 받는다.

계절을 잊은 농사

활동 목표 | 1.농촌의 겨울나기 모습을 보며, 도시의 생활과 비교할 수 있다.

2.비닐하우스 농사의 장단점을 알 수 있다.

관련 교과 | 사회 4학년 1학기 우리 시도의 모습, 우리 시도의 자연환경과 생활, 실과 5학년 1학기

2.채소 가꾸기

 선생님과 함께하는 모의수업 ▬ ▬ ▬ ▬ ▬ ▬ ▬

농촌의 겨울나기 모습을 본 적이 있나요? 벼를 베어 낸 논에 보리를 심거나 콩을 심었던 밭에 밀을 심었지요. 요즘은 수확이 끝나면 비닐하우스를 만들어 또 다른 농사를 짓기도 해요. 어떤 모습인지 한번 들여다볼까요?

비료와 농약뿐 아니라 비닐하우스에 사용되었던 비닐이 땅에 버려지면 썩는 데 오랜 시간이 걸려 땅을 오염시키지. 다 쓴 비닐은 반드시 걷어 내야 해.

겨울에 쉬지 못하면 흙 속의 양분은 어떻게 될까?

영양분이 다 없어지면 어떡해요?

공부도 쉬어 가면서 해야 되는데 말이죠.

✚ 비닐하우스 탐방

1 가까운 곳에 있는 비닐하우스를 방문해 보고 밖에 있을 때와의 차이를 느껴 본다.

2 비닐하우스 안에서 재배되는 농작물의 종류가 어떤 것인지 살펴본다.

3 비닐하우스 안에서 농작물을 재배하면 어떤 점이 좋은지 알아본다.

4 비닐하우스 때문에 생겨난 문제점은 없는지 생각해 본다.

딸기는 언제가 제철일까? 상추는? 그래. 봄에 나오는 딸기를 어떻게 한겨울에도 먹을 수 있게 된 걸까? 인구는 늘어나는데 농사짓는 사람은 줄어들어서 농기계를 활용한 농사가 시작되었어. 기계 농업에 편리하도록 농경지를 정리한단다. 유리 온실, 비닐하우스가 생겨나 계절에 관계없이 과일이나 채소를 재배할 수 있게 된 거야.

✦ 알아 두면 좋아요

비닐하우스 온풍기에 온도를 입력시켜 놓으면 자동으로 온도 조절이 가능한데, 농작물마다 다르긴 하지만 대략 낮에는 25℃에서 28℃, 밤에는 12℃에서 16℃ 정도까지 유지되어야 한다. 보일러를 통해 한 번 데워진 공기가 비닐에 막혀 빠져나가지 못하니 비닐하우스 안은 일정한 온도를 유지하게 된다. 지구도 이산화탄소가 태양에너지를 가두어 점점 평균기온이 오르고 있다. 지구가 자꾸 따뜻해지면 생태계나 사람들의 활동에 어떤 영향을 미치게 될지 생각해 본다.

✦ 교사일기

교사가 이야기를 해줄 수도 있지만 현장 체험에서는 직접 아이들이 농사짓는 분의 이야기를 듣고 궁금한 것을 질문하면 좋다. 비닐하우스는 농가 소득을 증대시켜 주고 사람들에게 언제든 싱싱한 먹을거리를 제공하지만 환경에 끼치는 영향도 생각해 본다. 비닐하우스를 탐방할 때는 농약이나 농기계에 의한 피해가 생기지 않도록 주의하고 기르고 있는 농작물에 피해를 주지 않도록 한다. 널려 있는 비닐을 주워 모으는 정화 활동을 해보는 것도 좋다.

볏짚 이야기

활동 목표 | 1.짚으로 새끼줄 꼬기를 할 수 있다.

　　　　　　2.짚을 이용하여 생활에 필요한 물건을 만든 조상의 슬기를 느낄 수 있다.

관련 교과 | 사회 5학년 2학기 3.우리 겨레의 생활문화

준 비 물 | 마른 볏짚

 선생님과 함께하는 모의수업 ▬ ▬ ▬ ▬ ▬ ▬ ▬

겨울에 조상들은 서로 모여 앉아 새끼를 꼬거나 짚신을 삼았어요. 가마니를 짜기도 하고 지게를 만들기도 했지요. 먹고 입고 일하고 생활하는 데 필요한 도구도 직접 만들었답니다. 짚으로 만들 수 있는 걸 알아볼까요?

> 짚으로 무엇을 만들까?한 올 한 올 서로 만나 꼬이면 제법 굵은 새끼줄이 된단다. 이것으로 놀이 도구도 만들어 보자. 만들고 남은 것은 흙에다 버리면 거름이 되니 쓰레기도 안 생기겠네.

✚ 새끼줄 꼬기

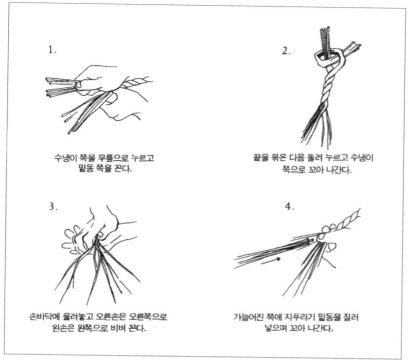

1. 수냉이 쪽을 무릎으로 누르고 밑동 쪽을 꼰다.

2. 끝을 묶은 다음 돌려 누르고 수냉이 쪽으로 꼬아 나간다.

3. 손바닥에 올려놓고 오른손은 오른쪽으로 왼손은 왼쪽으로 비벼 꼰다.

4. 가늘어진 쪽에 지푸라기 밑동을 질러 넣으며 꼬아 나간다.

『우리가 정말 알아야 할 우리 짚풀 문화』에서

 ## 스스로 하는 체험학습 ▬ ▬ ▬ ▬ ▬ ▬ ▬ ▬ ▬

✚ 벽면장식 공예품 만들기
1 볏짚으로 새끼를 꼬아 씨줄 중심으로 날줄을 상하로 엮는다.
2 형태를 만들어 가면서 글루건 등으로 고정시켜 원하는 모양을 만든다.

✚ 새끼줄 놀이
1 새끼줄을 연결하여 '꼬마야 꼬마야', '기차놀이', '줄다리기' 등을 해본다.
2 새끼줄을 둘둘 말아 '새끼줄 축구'를 해본다.

 ## 알아 두면 좋아요

새끼줄을 꼴 때 미리 물을 살짝 묻혀 놓으면 꼬는 것이 더 쉬워진다. 볏짚을 이용한 조상들의 슬기를 체험하거나 생활 용품 만들기의 제작 절차를 보려면 짚풀생활사박물관(http://www.zipul.co.kr)의 동영상이나 애니메이션 자료를 활용한다.

사진자료 출처 ●●●●●●●●●●●●

43쪽
갈대의 열매 맺은 모습: 『어린이가 정말 알아야 할 우리풀백과사전』 74쪽
참억새의 열매가 날아가는 모습: 『어린이가 정말 알아야 할 우리풀백과사전』 75쪽
60쪽
돌나물: 『어린이가 정말 알아야 할 우리풀백과사전』 135쪽
달래: 『어린이가 정말 알아야 할 우리풀백과사전』 43쪽
기린초: 『어린이가 정말 알아야 할 우리풀백과사전』 134쪽
민들레: 『어린이가 정말 알아야 할 우리풀백과사전』 228쪽
61쪽
괭이밥: 『어린이가 정말 알아야 할 우리풀백과사전』 149쪽
토끼풀: 『어린이가 정말 알아야 할 우리풀백과사전』 148쪽
꽃다지: 『어린이가 정말 알아야 할 우리풀백과사전』 131쪽
냉이: 『어린이가 정말 알아야 할 우리풀백과사전』 133쪽
72쪽
수련: 『어린이가 정말 알아야 할 우리풀백과사전』 120쪽
창포: 『어린이가 정말 알아야 할 우리풀백과사전』 86쪽
개구리밥: 『어린이가 정말 알아야 할 우리풀백과사전』 90쪽
마름: 『어린이가 정말 알아야 할 우리풀백과사전』 166쪽
82쪽
버들치: 『쉽게 찾는 내 고향 민물고기』 30쪽
피라미: 『쉽게 찾는 내 고향 민물고기』 24쪽
붕어: 『쉽게 찾는 내 고향 민물고기』 26쪽
107쪽
청계천에서 물놀이하는 아이들: 『다시 찾은 청계천』 73쪽
148쪽
두루미: 『쉽게 찾는 우리 새(강과 바다의 새)』 135쪽
황새: 『쉽게 찾는 우리 새(강과 바다의 새)』 75쪽
호랑이, 삵, 따오기, 꼬마잠자리: 최종수 사진
반달가슴곰: 지리산국립공원에서 복원 중인 반달가슴곰의 모습, 국립공원관리공단 제공
장수하늘소: 이원규 사진
171쪽
새끼 꼬기: 『우리가 정말 알아야 할 우리 짚풀 문화』 565쪽